Arbeitsmethoden der modernen Naturwissenschaften

Adsorptionsmethoden im chemischen Laboratorium

mit besonderer Berücksichtigung der chromatographischen Adsorptionsanalyse (Tswett-Analyse)

Von

GERHARD HESSE

Dozent an der Universität Marburg a. L.

Mit 21 Abbildungen im Text und vier Tafeln

Berlin 1943

WALTER DE GRUYTER & CO.

vormals G. J. Göschen'sche Verlagshandlung / J. Guttentag, Verlagsbuchhandlung / Georg Reimer / Karl J. Trübner / Veit & Comp.

vormals G. J. Göschen'sche Verlagshandlung — J. Guttentag, Verlagsbuchhandlung — Georg Reimer — Karl J. Trübner — Veit & Comp.
Berlin W 35, Woyrschstraße 13
Archiv-Nr. 52 81 43 Printed in Germany
Druck von Metzger & Wittig in Leipzig

VORWORT

Die Grenzflächenerscheinungen haben in den letzten beiden Jahrzehnten in der Chemie eine große praktische Bedeutung gewonnen. Dabei müssen wir zwei Hauptgruppen unterscheiden. Bei den Adsorptionen handelt es sich um Entmischungsvorgänge, bei denen einzelne Stoffe in der Grenzfläche angereichert und durch geeignete Verfahren daraus ohne Veränderung zurückerhalten werden können. Bei der heterogenen Katalyse wird dagegen die chemische Umsetzung an der Grenzfläche angestrebt. In der vorliegenden Schrift soll nur von den einfachen Adsorptionen die Rede sein.

Es ist merkwürdig, daß dieses vielseitige Gebiet chemischer Methodik noch keine umfassende Darstellung gefunden hat. Diese soll hier versucht werden. Dabei kann bei einzelnen Teilgebieten auf eingehende Monographien verwiesen werden, bei anderen stehen nur die Originalarbeiten in den Fachzeitschriften zur Verfügung. Man wird daher stellenweise eine große Anzahl von Literaturangaben finden, die dem Leser bei der präparativen Lösung von speziellen Problemen wertvoll sein dürften. Das Schrifttum ist bis Ende des Jahres 1941 berücksichtigt worden. Dem Zweck dieser Sammlung entsprechend war es jedoch meine Absicht, die Darstellung so zu halten, daß man im allgemeinen ohne die Benutzung einer Bibliothek zum Ziele kommt. Dies soll durch die eingehende Beschreibung der notwendigen Apparate und durch eingestreute praktische Beispiele erreicht werden. Die Auswahl der letzteren geschah so, daß jeweils das Charakteristische eines Verfahrens besonders deutlich hervortritt; einige davon, die mit einem Kreuz (†) bezeichnet sind, können als Übungs- und Demonstrationsbeispiele angesprochen werden.

Leider war es im ersten Teil, der von den gasanalytischen Verfahren handelt, nicht möglich, die notwendigen Apparaturen ebenso eingehend zu beschreiben. Ein solches Vorhaben hätte erstens die Übersicht erschwert und den Umfang des Bändchens untragbar vergrößert; zum anderen ist der Ausbau dieser Methoden noch in so stürmischer Entwicklung, daß die gegebenen Beschreibungen beim Erscheinen vielleicht schon als überholt und veraltet gelten müssen. Daher habe ich mich darauf beschränkt, die Wege zu zeigen und die praktische Leistungsfähigkeit der verschiedenen Verfahren, wie Material- und Zeitbedarf, und die erreichbare Genauigkeit deutlich werden zu lassen.

Bei der Besprechung der Adsorption aus Lösungen war ich bemüht, zum ersten Male die Fälle echter Adsorption scharf von jenen zu trennen, denen Austauschadsorption zugrunde liegt. Dies gilt im besonderen auch für die Tswett-Analyse (chromatographische Adsorptionsanalyse), deren Darstellung hierdurch von manchen Widersprüchen befreit wird und wesentlich besser zu übersehen ist.

Bewußt ist in einigen Fällen vom üblichen Sprachgebrauch abgegangen worden. So verwende ich an Stelle der von Tswett geprägten Bezeichnung „chromatographische Analyse", die nach der Ausdehnung des Verfahrens auf farblose Körper zu eng geworden ist, bevorzugt den Ausdruck „Tswett-Analyse". Die falsch gebildeten Fremdworte „Adsorbat" und „Eluat" sind durch „Adsorpt" und „Elut" ersetzt worden. Statt „Entwickeln", wie man das Auseinanderwaschen der Stoffe in der Adsorptionsmittelsäule in der organischen Chemie bisher genannt hat, übernehme ich den Ausdruck „Waschen" aus der anorganischen Adsorptionsanalyse. Der Begriff „Entwickeln" wird in abweichender Bedeutung, die im Text erläutert wird und ebenfalls dem Brauch in der anorganischen Adsorptionsanalyse entspricht, beibehalten.

Diese Schrift ist noch auf Anregung des unvergeßlichen Prof. Dr. A. Thiel entstanden, dem ich für sein freundliches Interesse und die eingehende Durchsicht des Manuskriptes großen Dank schulde. Ferner danke ich auch Herrn Prof. H. Meerwein, an dessen Institut die mannigfachen Versuche durchgeführt werden konnten, die zur Abrundung der Darstellung notwendig waren.

Marburg a. d. Lahn, im Juni 1943

G. Hesse

INHALT

Die Sorption der Gase

Gasanalytische Verfahren

Seite

Geschichtlicher Überblick 1

Adsorptionsmittel 2

Kohle 2

Kieselsäuregel 4

Tonerdegel 5

Theoretische Grundlagen 6

Kapillarkondensation 6

Oberflächenadsorption 6

Adsorptions- und Desorptionsisotherme 7

Abhängigkeit von Bau und Gestalt der Molekel 8

Desorption 9

Gasanalyse durch Adsorption 10

Methode von Ferber und Luther zur Analyse gasförmiger Kohlenwasserstoffe 10

Gasanalyse durch Desorption 11

I. Versuche von Peters an Edelgasen und Wasserstoffisotopen 11

Desorptionsanalyse von Kohlenwasserstoffgemischen nach Peters und Lohmar 12

II. Desorptionsanalyse nach Edse und Harteck 13

III. Einfaches Desorptionsverfahren von Henjes 14

Kombination von Adsorption und Desorption in Kolonnenanordnungen 17

Allgemeines 17

Kolonnenmethoden mit Desorption durch Wärme 18

I. Methode von Eucken und Knick 18

II. Mikromethode von Küchler und Weller 20

Kolonnenmethoden mit Desorption durch Verdrängung 20

I. Analyse von Erdgasen nach Schuftan 20

II. Analyse verdampfbarer Flüssigkeitsgemische nach Hesse 21

Technische Gasadsorptionsverfahren

Reinigung von Abgasen und Gewinnung einzelner Bestandteile daraus 23

Gastrocknung, Exsikkatorfüllungen 27

Die Adsorption aus Lösungen

Theoretische Übersicht

Seite

I. Echte Adsorption als Nebenvalenzbindung am Rande des Gitters fester Stoffe ... 29
Hydrophobe und hydrophile Adsorbentien ... 30
Rangordnung der hydrophilen Adsorbentien ... 31
Die Reihe der Lösungsmittel und ihre praktische Bedeutung; das Adsorptionsmilieu ... 31
Elution ... 32

II. Austauschadsorption als stöchiometrische Umsetzung auf der Oberfläche fester Stoffe ... 32
Kationenaustauscher; Erläuterung der Austauschvorgänge .. 32
p_H-Abhängigkeit ... 33
Anionenaustauscher ... 33

Praktische Verfahren

Adsorption an Fällungen ... 34
Ausfällung in der Lösung ... 34
Zugabe fertigen Gels ... 35

Verwendung pulverförmiger Adsorptionsmittel ... 37
Adsorptionsstoffe, Beschreibung und Herstellungsmethoden ... 38
p_H-Messung an Adsorptionsmitteln ... 50
Wiederverwendung gebrauchter Adsorptionsmittel ... 52

Methodik ... 53
1. Einrührverfahren ... 53
2. Mehrstufenverfahren ... 55
3. Filtrierverfahren ... 56
4. Tswettsche Analyse (Chromatographie) ... 59
Skizzierung des Vorganges ... 59
Geschichtliches ... 60
Anwendungsbereich ... 61
Konstitutionseinflüsse ... 66
Beziehungen zwischen Stärke der Adsorption und Bau der Molekel ... 71
Beziehungen zwischen Adsorptionsstärke und Farbe ... 71
Konstitutionsfragen bei Austauschadsorption ... 72
Apparaturen zur Tswett-Analyse ... 73

Seite

Ausführung der Analyse bei überwiegender echter Adsorption
(„organische Chromatographie") 78
Wahl des Adsorptionsmittels 78
Schüttdichten und Teilchengrößen der wichtigsten Adsorbentien 80
Füllen des Rohres 80
Einschütten 81
Einstampfen 81
Einschlämmen 82
Lösung der Substanz 82
Die wichtigsten Lösungsmittel und ihre Reinigung 83
Auswahl des geeigneten Lösungsmittels 84
Überführung in ein anderes Lösungsmittel 84
Aufgießen der Lösung 86
Waschen („Entwickeln") 86
Bedeutung des Waschvorganges 87
Dauer und Geschwindigkeit des Waschens 88
Zerteilen der Säule 88
Feststellung der Zonen bei farblosen Adsorpten 89
Das „unsichtbare Chromatogramm" 92
Elution 94
Elution als Verdrängungsvorgang 94
Elutionsmittel 94
Veränderung des Adsorbens 95
Durchwaschen 96
Feststellung der Fraktionen im Filtrat 96
Sonderfälle 97
Sekundäradsorption 97
Adsorption Hochpolymerer 98
Cis-trans-isomere Verbindungen 99
Optische Antipoden 101
Mehrschichtensäule 102
Zerlegung von Molekülverbindungen 103
Beurteilung von Gemischen 105
Die Adsorptionsanalyse bei Austauschadsorption („anorganische Chromatographie") 107
Trennung der Kationen 107
Unterschiede gegenüber der echten Adsorptionsanalyse .. 108

Seite

Entwickeln 108
Reihenfolge der wichtigsten Kationen auf Aluminiumoxyd 109
Änderung bei Komplexlösungen 110
Reihenfolge der Ionen auf Oxin 111
Empfindlichkeit des adsorptionsanalytischen Nachweises . 111
Reinigung von Handelspräparaten anorganischer Salze .. 112
Trennung der Anionen 112
Präparierung der Säule 112
Reihenfolge der wichtigsten anorganischen Säureionen auf „saurem" Aluminiumoxyd 112
Anwendung des Ionenaustausches in der quantitativen Analyse 113
Störungen bei der Filtration von Analysenlösungen durch Austauscheigenschaften des Filtrierpapiers und ihre Behebung 113
Austausch-Adsorptionsanalyse in der organischen Chemie .. 114
Trennungen 114
Umwandlung von Salzen 116
Elektrophorese durch Adsorptionsmittelschichten 116
Kombination von Elektrophorese mit der Tswettschen Analyse 116
Quantitative adsorptionsanalytische Methoden 117
Allgemeine Charakterisierung 117
Bestimmung der Carotinoide 118
Mengenverhältnis der Chlorophylle 121
Lyochrome 121
Vitamin C 122
Vitamin D 122
Gehaltsbestimmung in Cantharidentinktur 122
Alkaloidbestimmung im Strychnos-Extrakt 122
Ausmessung der Oberfläche fester Stoffe 122
Bestimmung austauschfähiger (saurer oder basischer) Gruppen in Oberflächen 123
Sorptionskapazität des Ackerbodens 123
Carboxylgehalt von Cellulose 123
Adsorptionsindikatoren in der Maßanalyse 124
Theorie 124
Titration der Halogene 126
Zerlegung von Flüssigkeitsgemischen durch Filtration über ein Adsorptionsmittel 126

Seite

Vergleich mit der Dampftrennungsmethode unter Anwendung von Spülgas 128

Zerschäumungsanalyse

Adsorption an den Grenzflächen flüssig—flüssig und flüssig—gasförmig 129
Geschichtliches 129
Apparatur 129
Hergang des Versuches 131
Trennungen durch Zerschäumungsanalyse 131
Abhängigkeit vom Gas und vom p_H 131
Konzentrierungen 132
Schaumzerstörung 133

Literatur 134

Register 146

Anhang: Merkblatt für die Adsorptionsanalyse von Lösungen (Tswett-Analyse) 151

DIE SORPTION DER GASE

Gasanalytische Verfahren

Bis zum Jahre 1920 standen zur Aufteilung von gasförmigen Mischungen nur Methoden zur Verfügung, die auf der Kondensation („Ausfrieren"), der Wiederverdampfung oder der fraktionierten Destillation als Kombination beider Erscheinungen beruhen. Vor allem letztere ist in technischen Großapparaturen inzwischen zu hoher Vollkommenheit entwickelt worden. Die Fraktionierkolonnen des Laboratoriums sind dagegen sehr unvollkommen geblieben. Das gilt besonders für analytische Untersuchungen, bei denen der hohe Bedarf an Analysensubstanz sehr hinderlich ist; braucht doch die gebräuchlichste Anordnung von W. J. Podbielniak[1]) für eine mehrfache Trennung etwa 50 ccm der verflüssigten Gase, um ausreichende Genauigkeit zu erzielen. Zudem ist der Zeitbedarf einer Analyse recht hoch.

Wesentliche Fortschritte wurden durch die Anwendung niedriger Gasdrucke erzielt. In diesem Falle wird das Verhältnis der Dampfdrucke zweier Substanzen für die Trennung günstiger, wie man ohne weiteres aus den Dampfdruckkurven sieht. Dafür sind jedoch noch tiefere Kondensationstemperaturen erforderlich und die Apparaturen, die besonders A. Stock[2]) mit großem Erfolg entwickelt hat, sind kompliziert und schwierig zu bedienen. Vereinfachungen, die in die Gasanalyse Eingang gefunden haben, so die Verfahren von G. Wollers[3]), H. Tropsch und E. Dittrich[4]) und H. Tropsch und W. I. Mattox[5]), gehen auf Kosten der Genauigkeit und erreichen weder an Schnelligkeit noch an Sparsamkeit mit Analysenmaterial die modernen Sorptionsmethoden.

Grundlegende Arbeiten zur Trennung von Gasen durch Sorption stammen von E. Berl und Mitarbeitern[6]) (seit 1920) und von K. Peters und seinen Schülern[7]) (seit 1930). Diesen gelang die Trennung und Reindarstellung der Edelgase durch Desorption unter vermindertem Druck. 1931 veröffentlichte P. Schuftan[8]) ein Adsorptionsverfahren zur Analyse von Crackgasen, das den bis dahin üblichen Methoden bereits weit überlegen war. An der Analyse von Kohlenwasserstoffen haben sich dann, besonders seit 1936, die analytischen Verfahren entwickelt, die im günstigsten Fall 1 ccm Gas (unter Normalbedingungen) zu zerlegen und darin bis zu 6 Komponenten mit 1% Genauigkeit zu bestimmen erlauben.

Von 1920 an erfolgte auch die Entwicklung der technischen Gas- und Dampfadsorption, die heute bereits in den verschiedensten Industriezweigen und in Anlagen bis hinauf zu riesigen Abmessungen eine große Rolle spielt. Auch ihre Entwicklung ist bei weitem noch nicht abgeschlossen[9]).

Die Adsorptionsmittel

Für die Adsorption von Gasen und Dämpfen sind bisher nur drei Adsorptionsmittel ernstlich vorgeschlagen und verwendet worden: Kohle, Kieselsäuregel und Aktiv-Tonerde. Bei allen hängen die Eigenschaften außerordentlich von der Herstellung und Vorbehandlung ab, deren Einzelheiten bei Handelspräparaten Geheimnis der Herstellerfirmen sind. Doch kann die Darstellung in großen Zügen besprochen werden.

Kohle zu Adsorptionszwecken, sogenannte „Aktivkohle"[10]), wird durch Verkohlung von Holz, Torf, Blut, Knochen oder anderen organischen Substanzen in Gegenwart von Aktivierungsmitteln hergestellt. Es ist die Aufgabe der letzteren, durch Oxydation oder andere chemische Einwirkung die Oberfläche der entstehenden Kohle zu korrodieren, sie mit Kratern und feinen Rissen zu versehen und dadurch zu vergrößern. Bei hochaktiven Kohlen kommen auf einen Raumteil fester Substanz etwa 2 Raumteile enges Kapillarvolumen (Durchmesser unter $0{,}2\,\mu$) und etwa 3 Raumteile weitere Poren. Zur Aktivierung werden in der Praxis überwiegend Wasserdampf (Norit, Supranorit, Aktivkohle I der Düsseldorfer Farbwerke) oder Chlorzink (Carboraffin, Gasmaskenkohlen) benutzt; durch Erhitzen im Wasserdampfstrom kann auch fertige Kohle noch nachträglich wirksamer gemacht werden. Die Herstellung hat ferner darauf zu sehen, daß dieses poröse Gebilde die nötige mechanische Festigkeit hat, ohne die die Poren nicht erhalten bleiben würden. Deshalb werden mitunter noch gerüstbildende Stoffe wie gallertige Kieselsäure auf dem Ausgangsmaterial niedergeschlagen; häufig genügt auch das richtig geführte Erhitzen zur Verfestigung. Die Unterschiede verschiedener Aktivkohlen im Adsorptionsverhalten sind außerordentlich groß; so fand Sauer bei der Reinigung von Zuckerrübensaft folgende Mengen verschiedener Kohlen gleich wirksam:

0,05% Supranorit
0,45% Carboraffin
1,00% Standard-Norit;

15% Knochenkohle und 30% Kieselgur erreichten die gleiche Wirkung nicht.

Keine Aktivkohle ist reiner Kohlenstoff. Die wenig wirksame Knochenkohle enthält nur etwa 10% davon, neben 8% Calciumcarbonat und 70% Calciumphosphat. Gute Adsorptionskohlen bestehen zu 75—90% aus Kohlenstoff und haben 2—10% Asche; daneben sind noch kleine Mengen unvollständig zersetzter organischer Substanz vorhanden[11]). Erheblich ist die Beladung der Oberfläche mit Sauerstoff und Wasser, die nachträglich aus der Luft aufgenommen werden und sehr stören können. Der Sauerstoff wirkt auf viele Stoffe oxydierend, da er durch die Adsorption in einen reaktionsfähigen Zustand gebracht wird. Das Wasser vermindert die Aufnahme anderer Stoffe, denn es nimmt die aktiven Stellen der Kohleoberfläche für sich in Anspruch und wird verhältnismäßig schwer verdrängt. Vor der Anwendung einer Aktivkohle müssen daher beide (zusammen mit anderen adsorbierten Gasen) normalerweise entfernt werden; das geschieht durch „Ausheizen", ein Erhitzen auf 300 bis 400° im Vakuum oder in einem indifferenten Gasstrom.

Die Adsorptionsfähigkeit der Kohlen ist an den Kohlenstoff gebunden[10]). Das Aufnahmevermögen verschiedener Kohlen für Gase einerseits, für gelöste Stoffe andererseits geht aber nicht parallel, und O. Ruff[12]) schließt daraus, daß „zwei verschiedene Formen von Anziehung" existieren. Heute unterscheiden wir sie als Oberflächenadsorption und Kapillarkondensation (s. S. 6). Vor den sauerstoffhaltigen Adsorbentien Silicagel und Tonerde zeichnet sich die Kohle durch eine recht geringe Affinität zum Wasser und eine sehr hohe für Kohlenwasserstoffe aus; sie ist das einzige Mittel, das leicht flüchtige organische Dämpfe auch noch aus feuchter Luft aufnehmen kann. Daher ist Kohle das Adsorptionsmittel der Gasmasken und der meisten technischen Gewinnungsverfahren.

Bei Beladung nimmt das Volumen der Aktivkohlen merklich zu. Infolgedessen sinkt der elektrische Widerstand, wenn die Kohlekörner in einem isolierenden Gefäß zwischen Metallstempeln eingeschlossen sind, weil die gegenseitige Pressung der größer gewordenen Körner zunimmt und damit der Stromübergang zwischen ihnen erleichtert ist. Der Vorgang ist vollkommen reversibel. G.-M. Schwab und B. Karkalos[13]), die diese Erscheinung beobachtet haben, regen an, technische Anzeigegeräte und Steuergeräte für das Auftreten adsorbierbarer Gase in Abgasen darauf aufzubauen.

Gute Kohlen für die Gasadsorption sind:

Gasmaskenkohlen,
Supersorbon IV (Lurgi, Ges. für Wärmetechnik, Frankfurt a. M.),
Norit-Suprasorbon
Carbo medicinalis Merck (für Gasanalyse).

Das Kieselsäuregel[14]) (oft „Silicagel" genannt) wird gewöhnlich durch Zersetzung wäßriger Alkalisilikatlösungen mit Säuren erhalten, ausgewaschen, getrocknet und durch Erhitzen an der Luft aktiviert; dabei dürfen 400° nicht überschritten werden. Bei der Herstellung werden meist 300°, bei der Regenerierung 200° eingehalten. Ein so behandeltes Gel enthält noch Reste (3—25%) Wasser, die nicht ohne Schädigung entfernt werden können. Die wichtigsten sonstigen Verunreinigungen sind Alkalimetalle und Eisen. Erstere bedingen die Fähigkeit eines Gels, als Austauschadsorbens (s. S. 32) brauchbar zu sein. Das Eisen ist besonders für eine Reihe katalytischer Veränderungen verantwortlich zu machen, die manche Gase bei hohen Temperaturen am Silicagel erfahren können.

Das Kieselsäuregel hat eine ausgesprochene Affinität zu sauerstoffhaltigen Verbindungen, insbesondere zum Wasser und den Alkoholen, die möglicherweise sogar durch Hauptvalenzen an seinen Gittergrenzen gebunden werden[15]). Infolgedessen werden Kohlenwasserstoffe und andere sauerstofffreie Verbindungen nur dann reichlich aufgenommen, wenn erstere nicht zugegen sind. Zur Adsorption aus wäßrigen Lösungen ist es ganz ungeeignet; in den wenigen Fällen, wo sie beobachtet wird, handelt es sich wohl immer um Austausch-Vorgänge.

Weitere Unterschiede gegenüber der Kohle sind sein größeres Litergewicht und die viel bessere Wärmeleitfähigkeit. Letztere kann in der Gasanalyse von Vorteil sein, da sich die Temperatur der Kühl- und Wärmbäder rascher der ganzen Masse mitteilt und damit eine schnellere Gleichgewichtseinstellung erhalten wird[16]).

Das Kieselsäuregel wird in sehr vielen verschiedenen Formen hergestellt, die sich hauptsächlich durch die Korngrößen und die Weite der Poren unterscheiden. Bewährt haben sich in der Gasanalyse:

Silicagel der Deutschen Silicagel-Ges. Berlin, Dr. v. Lude.

Kieselgele von Gebrüder Herrmann, Köln-Bayenthal 263, in den Sorten A und E weitporig, mittelporig, engporig.

Kieselgele Sorten A und B der I. G. Farbenindustrie A.-G., Frankfurt a. M.

Tonerdegel[17]). Adsorbierende Tonerdehydrate und Tonerden werden nach sehr verschiedenen Verfahren erhalten, sind aber nur spärlich im Handel. Für die Gasadsorption am geeignetsten scheinen solche Präparate zu sein, die aus wäßrigen Aluminiumsalzlösungen mit Ammoniak ausgefällt sind, dann ausgewaschen und langsam entwässert wurden. Die Aktivierungstemperatur beträgt meist 400°.

L. A. Munro und F. M. G. Johnson[18]) fällen eine Lösung von Aluminiumnitrat mit Ammoniak, waschen aus, trocknen und aktivieren 2 Stunden bei 400°. Auf ähnliche Weise stellt die I. G. Farbenindustrie A.-G. nach D. R. P. 664817 (Schweizer Pat. 185935) ihre Aktiv-Tonerden her. In diesem Fall wird das rohe Gel durch Zermahlen mit Wasser zu einer Paste verformt, die auf Blechen zu harten Platten eintrocknet. Diese werden gebrochen und gesiebt und nachfolgend mehrere Stunden auf 400—500° erhitzt. Hierdurch werden wasserbeständige Körner erhalten, die im wesentlichen aus porösem Aluminiumoxyd bestehen.

Im Adsorptionsverhalten steht das Tonerdegel dem Kieselsäuregel nahe. Es scheint, daß bei den üblichen Präparaten die echte Adsorption überwiegt, während bei den Kieselgelen die Kapillarkondensation die größere Rolle spielen dürfte.

Ein Tonerdepräparat der I. G. Farbenindustrie A.-G. mit der Bezeichnung 967/21 und der Korngröße 4 bis 6 mm verwenden Ferber und Luther[19]) bei ihrer Methode zur Analyse gasförmiger Kohlenwasserstoffe.

Gesetzmäßigkeiten bei der Sorption von Gasen

Bei der Bindung der Gase durch Adsorptionsmittel konkurrieren miteinander zwei Erscheinungen, die man als Kapillarkondensation und echte Adsorption unterscheidet.

Die Kapillarkondensation ist ein rein physikalischer Vorgang ohne chemische Wechselwirkung zwischen Gas und Adsorbens. Sie findet in den feinen Poren (Durchmesser von 2 μ an abwärts) des Adsorptionsmittels statt. Sehr enge Röhren oder Spalten haben ganz allgemein die Eigenschaft, den Dampfdruck der sie erfüllenden Flüssigkeiten zu erniedrigen. Für ein kondensierbares Gas kann daher innerhalb der Kapillaren schon Übersättigung herrschen, während außerhalb der Sättigungspunkt noch nicht erreicht ist. Sie füllen sich dann mit verflüssigtem Gas. „Kondensierbar" ist ein Gas aber nur unterhalb seiner kritischen Temperatur; man muß daher erwarten, daß die Kapillarkondensation bei einer bestimmten, für jeden Stoff charakteristischen Temperatur plötzlich aufhört. In der Tat konnte K. Peters[20]) zeigen, daß eine solche „kritische Desorptionstemperatur" existiert. Unterhalb dieser Temperatur gelingt es nicht, ein Gas durch Abpumpen zu desorbieren, oberhalb ist alsbald vollständiges Abpumpen möglich. Die kritischen Desorptionstemperaturen der Stoffe sind mit den kritischen Temperaturen zwar nicht immer identisch, sie liegen aber stets in deren Nähe.

Die Oberflächenadsorption ist nach O. Ruff[21]) ein Sonderfall der chemischen Molekülkomplexbildung, bei der die aktive Gruppe der Oberfläche die Rolle des Verbindungspartners spielt. Sie ist daher in ganz anderer Weise von den spezifischen chemischen Eigenschaften des Adsorbenden und des Adsorptionsmittels abhängig als die Kapillarkondensation. Mengenmäßig findet sie ihre Grenze, wenn die ganze Oberfläche mit einer Schicht von der Dicke einer Molekel dicht belegt ist; meist sind sogar nur bestimmte Punkte, sogenannte aktive Zentren, in der Lage, die Bindung einzugehen — dann ist die Sättigung schon früher erreicht. Man entnimmt hieraus, daß die Kapillarkondensation mengenmäßig mehr leisten wird als die Oberflächenadsorption, sofern das Adsorptionsmittel feinporig ist. Andererseits wird man letztere zu begünstigen suchen und deshalb ein grobporiges Adsorbens wählen, wenn man bei wenig unterschiedlichen kritischen Temperaturen Unterschiede im chemischen Aufbau für die Trennung von Stoffen heranziehen will.

Es läßt sich zeigen, daß in jeder Oberfläche Zentren recht verschiedener Adsorptionsaktivität vorkommen. Adsorbiert man nämlich die aufnehmbare Gasmenge in mehreren untereinander gleichen Portionen, so nimmt die freiwerdende Adsorptionswärme von Portion zu Portion ab[22]); entsprechend sinkt auch die Festigkeit der Bindung. Es ist daher für die Eigenschaften des Adsorpts und somit auch für den Verlauf einer Analyse nicht gleichgültig, ob man mit kleinen oder mit hohen Belegungen arbeitet.

Die Sorption verschiedener Gase, die stets eine Überlagerung der beiden besprochenen Erscheinungen ist, wurde durch K. Peters und W. Lohmar[23]) eingehend untersucht. Für die Druckabhängigkeit gilt bei den Edelgasen im Bereich von 0 bis 100 mm die Ostwald-Freundlichsche Adsorptionsisotherme

$$a = \alpha \cdot p^{\frac{1}{n}}$$

a ist die von 1 g Adsorbens aufgenommene Gasmenge, α eine vom Adsorptionsmittel abhängige Konstante, p der Partialdruck des Gases und $\frac{1}{n}$ eine Konstante, die von der Natur des Gases abhängt. Man kann diese Gleichung in logarithmierter Form auch schreiben:

$$\log a = \alpha' + \frac{1}{n} \log p$$

und sieht dann, daß im logarithmischen Netz die adsorbierte Gasmenge, gegen den Druck aufgetragen, eine gerade Linie ergibt.

Der Vorgang ist hier vollständig reversibel; durch Abpumpen des Gases über dem Adsorpt erhält man eine „Desorptionsisotherme", die mit der Adsorptionsisotherme zusammenfällt.

Auch das kugelsymmetrische Methan verhält sich noch wie ein Edelgas, wenn auch die Neigung seiner Adsorptionslinie geringer ist. Anders verhalten sich aber Äthan, Propan, die Butane und wahrscheinlich die meisten realen Gase. Bei ihnen fallen Adsorptions- und Desorptionskurve nicht mehr zusammen[24]). Für gleiche Mengen adsorbierten Gases liegen die Desorptionsdrucke stets niedriger als die Adsorptionsdrucke.

Peters und Lohmar erklären dies Verhalten sehr einleuchtend aus der länglichen Gestalt der Gasmolekeln. Man kann zwei Modifikationen des Adsorpts erwarten, je nachdem, ob die Molekel mit der Spitze (I) oder einer Breitseite (II) der adsorbierenden Oberfläche aufliegt:

I II

Letztere Bindung muß fester sein. Nun werden die Gasmolekeln zwar nach einem statistischen Gesetz in beiden Arten aufgenommen werden; desorbiert werden aber vorwiegend die locker gebundenen Molekeln (I), so daß eine durch Desorption erhaltene Beladung reicher an der Modifikation (II) sein wird als eine durch Adsorption erhaltene. Der Vergleich von n-Butan und Isobutan stützt diese Deutung aufs beste.

Man muß sich also bei allen nicht kugelsymmetrischen Gasen entscheiden, ob man die Adsorption oder die Desorption zur Grundlage eines analytischen Verfahrens machen will. In homologen Reihen wird das Desorptionsverhalten spezifischer sein, denn solche Molekeln sind an ihrer Stirnseite identisch und nur durch ihre Länge unterschieden; sie werden nach (I) annähernd gleich, nach (II) aber sehr verschieden fest gebunden sein. In der Tat benutzen die erfolgreichsten Verfahren zur Trennung der Paraffinkohlenwasserstoffe die Desorptionsmethode.

Der Molekelbau spielt überhaupt eine ausschlaggebende Rolle bei der Adsorption. Sie ist um so fester, je mehr Doppelbindungen oder polare Gruppen (OH, NH_2, CO, COOH, NO_2 u. a.) in einem Stoff vorhanden sind. Die gleichen Faktoren erhöhen den Siedepunkt. Daher wird die Erfahrung verständlich, daß im allgemeinen flüchtigere Gase schlechter adsorbiert werden, und daß die Trennung verschiedener Individuen durch Adsorption um so leichter gelingt, je weiter ihre Siedepunkte auseinanderliegen. Diese Regel ist aber sehr roh und gilt eigentlich nur in homologen Reihen. Wir haben schon gesehen (S. 6), daß die kritische Temperatur bei einem wichtigen Teilvorgang einen besseren Anhaltspunkt gibt als der Siedepunkt, und in der Tat läßt sich auch das Verhalten eines Stoffes bei der Sorption danach abschätzen.

Dem Molekelbau gegenüber spielt das Molekulargewicht eine recht untergeordnete Rolle. Freilich wird in homologen Reihen die schwerere Molekel auch fester gebunden. Darüber hinaus sind aber Vergleiche nicht zu ziehen: Methan ($M = 16$) wird zum Beispiel fester gebunden als Krypton ($M = 83{,}7$)!

Die Reihenfolge, in der Gase oder Dämpfe an verschiedenen Adsorptionsmitteln aufgenommen werden, ist bei den sauerstoffhaltigen Stoffen (SiO_2, Al_2O_3), soweit bekannt, stets die gleiche. An Kohle sind Umstellungen eigentlich zu erwarten, doch treten sie im allgemeinen nicht ein. Der einzige Fall, wonach Aktivkohle Propylen stärker als Propan adsorbieren soll, während an Silicagel das Umgekehrte der Fall ist[25]), konnte von anderer Seite nicht bestätigt werden[26]). Man darf aber nicht vergessen, daß bisher eigentlich nur homologe Reihen untersucht worden sind, und da ist eine solche Übereinstimmung nicht sehr auffallend.

Die Desorption

Sowohl analytische wie präparative Adsorptionsverfahren werden erst durchführbar, wenn es gelingt, die aufgenommenen Gase wieder aus dem Adsorbens herauszubekommen, zu desorbieren. Hierzu stehen 3 Möglichkeiten zur Wahl:

1. Jedes Adsorpt hat einen gewissen Zersetzungsdruck. Man kann daher durch Abpumpen des überstehenden Gases mit der

Zeit die vollständige Desorption erreichen. Es hat sich aber gezeigt, daß dies praktisch nur oberhalb der kritischen (Desorptions-) Temperatur zu erreichen ist (s. S. 6).

2. Auch durch Erwärmen lassen sich die adsorbierten Gase vom Adsorptionsmittel lösen. Praktisch sind zur vollständigen Desorption allerdings sehr hohe Temperaturen notwendig (300 bis 400°), die zur Zersetzung eines Teiles der Substanz führen würden. Man vereinigt daher die Methoden 1 und 2, bringt also das Adsorpt in ein Vakuum und steigert langsam, stetig oder stufenweise, seine Temperatur. Jedesmal, wenn die kritische Desorptionstemperatur einer neuen Komponente überschritten ist, setzt dann ihre Desorption ein.

3. Schließlich kann man die adsorbierte Substanz durch andere, leichter adsorbierbare Gase verdrängen oder in Lösungsmitteln aufnehmen. Bei technischen Verfahren verwendet man meist Wasserdampf, der sehr gut adsorbiert wird und die bequemste Desorption ermöglicht. Das Adsorptionsmittel hinterbleibt in diesem Fall nicht leer, sondern es ist mit Wasser gesättigt und muß durch Ausheizen nach 2. wieder verwendbar gemacht werden. Mildere Verdrängungsmittel sind CO_2, SO_2, N_2O und andere adsorbierbare Gase.

Zum Vergleich der Verfahren mag folgender Versuch dienen[27]: Aus einer mit 20 Gewichtsprozent Ätherdämpfen beladenen Aktivkohle werden bei einstündiger Einwirkung desorbiert durch:

Erhitzen auf 100° ...	5%	der Beladung
Vakuum von 50 mm .	10%	,, ,,
Kreislaufspülgas (130°)	20%	,, ,,
Wasserdampf bei 100°	100%	,, ,,

Gasanalyse durch Adsorption

Zur quantitativen Analyse der gasförmigen Paraffinkohlenwasserstoffgemische haben Ferber und Luther[28]) ein zweistufiges Adsorptionsverfahren ausgearbeitet. Es erlaubt die Bestimmung von Wasserstoff, Methan, Äthan, Propan, Butan und der zugehörigen Olefine in 50 bis 100 ccm Gas. Der Arbeitsgang ist folgender: Das Gemisch wird bei —183° kondensiert, wobei allein der Wasserstoff übrig bleibt und abgepumpt wird. Das

Kondensat wird langsam erwärmt und das Dampfgemisch über Aluminiumoxyd (I. G. 967/21) bei —120°, dann durch eine leere Falle von —183°, dann durch Aktivkohle (Werk Hruschau, Aussig) bei —170° geleitet. Das Aluminiumoxyd hält Butan und etwas Propan zurück, in der Kühlfalle sammelt sich Äthan und das restliche Propan, die Kohle adsorbiert das Methan. Die Messung erfolgt nach Desorption durch Erwärmen, die binären Gemische werden durch Verbrennung analysiert, woraus der Anteil der Komponenten berechnet wird. Bei Gegenwart von Olefinen wird ein Teil nach deren Entfernung analysiert; ein zweiter Teil wird hydriert und dann analysiert. Ein Versuchsprotokoll aus der Arbeit von Ferber und Luther kann den Vorgang und die erreichbare Genauigkeit weiter erläutern; links von dem dicken senkrechten Strich findet man die experimentell ermittelten Daten, rechts die Verteilung auf die reinen Gase nach Berücksichtigung der C-Zahl.

Tabelle I

Analyse eines Gemisches gesättigter Paraffinkohlenwasserstoffe nach Ferber und Luther

Fraktions-Temperatur	ccm	C-Zahl	ccm H_2	ccm CH_4	ccm C_2H_6	ccm C_3H_8	ccm C_4H_{10}
— 180	9,4		9,4				
— 120	20,0	1,0		20,0			
— 180	8,35	2,04			8,0	0,35	
— 170	10,0	3,74				2,6	7,4
gefunden:	47,75		9,4	20,0	8,0	2,95	7,4
gegeben:	47,5		9,3	19,9	8,0	2,9	7,4

Das Verfahren bedarf einer komplizierten Apparatur und ist gewiß nicht einfach zu handhaben, gibt aber sehr genaue Resultate. Die Dauer einer Bestimmung wird mit $1^1/_2$ bis 2 Stunden angegeben.

Gasanalyse durch Desorption

I. Die grundlegenden Arbeiten zur Desorptionsanalyse von Gasgemischen stammen von K. Peters und seinen Mitarbeitern. Zunächst wurde gezeigt, daß auf diese Weise eine quantitative

Trennung der Edelgase gelingt[29]), die auch für die Reindarstellung größerer Mengen das beste Verfahren darstellt. Versuche zur quantitativen Trennung der Wasserstoffisotopen verliefen erfolgversprechend[30]). Auch konnten isomere Butane getrennt werden[31]). Aus den hierbei gewonnenen Erfahrungen und früher besprochenen theoretischen Arbeiten (S. 7) wurde dann ein Analysenverfahren für gasförmige Kohlenwasserstoffe entwickelt[32]). Maßgebend war dabei die Feststellung, daß die kritischen Desorptionstemperaturen zweier Stoffe um so verschiedener voneinander sind, je schwächer das Adsorptionsmittel belegt ist und je geringer der Druck ist. Es mußte also mit verhältnismäßig großen Mengen Kohle (1 g auf 100 ccm Gas) und im Vakuum gearbeitet werden.

Im einzelnen wird folgendermaßen verfahren: Zunächst wird das Gesamtgas, das 20 bis 100 ccm Kohlenwasserstoffe enthält, durch flüssige Luft kondensiert und dadurch von permanenten Gasen getrennt. Die Kohlenwasserstoffe werden dann in einer gekühlten Gasfalle an Kohle adsorbiert. Aus dem Adsorpt erhält man durch Abpumpen aus verschiedenen Temperaturbädern (*a* bis *f*) Gasgemische, die jeweils höchstens zwei Komponenten enthalten. Ihre Analyse erfolgt mit der Stockschen Gaswaage oder durch Verbrennung; die Auswertung der Daten und die Behandlung olefinhaltiger Gemische ist schon bei der Adsorptionsmethode beschrieben worden. Zur Erläuterung diene folgendes Versuchsprotokoll (Fraktion *a* ist vom Kondensat abgepumpt):

Tabelle II

Analyse eines Gemisches gesättigter Paraffinkohlenwasserstoffe nach Peters und Lohmar

Desorptions-Temperatur	Zeit	ccm	Mol.-Gewicht	ccm CH_4	ccm C_2H_6	ccm C_3H_8	ccm C_4H_{10}
a	18	18,3	16,7	18,3			
b −185°	5	1,2	29,6	0,5	0,7		
c − 80°	15	16,1			16,1		
d − 21°	20	23,3	43,05		1,7	21,6	
e 0°	17	13,3	55,56			2,4	10,9
f 100°	25	3,0	58,00				3,0
gefunden:	100	75,2		18,8	18,5	24,0	13,9
gegeben:				18,8	18,5	24,0	14,2

Die Genauigkeit dieses (älteren) Verfahrens ist mindestens die gleiche wie bei der Adsorptionsmethode von Ferber und Luther. Letztere soll jedoch etwas rascher gehen und dürfte sich leichter zu einem kontinuierlichen Kontrollverfahren für den Betrieb ausbauen lassen.

II. Das Verfahren von Peters und Lohmar ist bald darauf von R. Edse und P. Harteck[33]) wesentlich verbessert worden. Zunächst wurde die Gaswaage durch eine Wärmeleitfähigkeitszelle ersetzt. Sie beruht darauf, daß ein konstant beheizter Draht in verschiedenen Gasen verschiedene Temperaturen annimmt und damit seinen elektrischen Widerstand (Ω) ändert, der sehr genau gemessen werden kann. Die Zelle wird mit den reinen Gasen geeicht. Außer der größeren Genauigkeit hat diese Methode den wesentlichen Vorteil, daß sie weniger Gas benötigt als die Gaswaage. Als Adsorptionsmittel wurde Kieselsäuregel (Sorte *A* von Gebr. Herrmann, Köln-Bayenthal) gewählt, weil die Aktivität seiner Oberfläche einheitlicher ist als bei Kohle und die bessere Wärmeleitfähigkeit eine rasche Temperatureinstellung in der ganzen Masse erlaubt. Die verschiedenen Kühlbäder fallen fort, da die Temperatur bei der Desorption durch langsames Entfernen der Kohlensäuremischung kontinuierlich gesteigert wird. Schließlich befindet sich das Adsorptionsmittel nicht mehr in einem Kölbchen, sondern im U-Rohr. Diese unscheinbare Änderung ist aus folgendem Grunde sehr wesentlich: Wird ein Gasgemisch adsorbiert, so werden die einzelnen Bestandteile nicht durcheinander gebunden, sondern in Zonen untereinander. Das schwerste Gas als das bestadsorbierbare bleibt zunächst der Eintrittsstelle hängen und verdrängt die leichteren in tiefere Schichten, wo sie sich weiterhin nach abnehmender Affinität zum Adsorbens anordnen. In einem Kölbchen, das von der gleichen Seite aus beladen und entladen werden muß, streichen nachher die zuerst desorbierten leichteren Gase an dem Adsorpt der schwereren vorbei und nehmen einen Teil davon mit. Im U-Rohr kann dagegen die Beladung von der anderen Seite der Adsorberschicht aus erfolgen als die Desorption; dann sitzt das leichteste Gas der Pumpe am nächsten und ist entfernt, ehe das folgende desorbiert wird. Jedes Gas streicht nur durch leere Schichten von Adsorptionsmittel. Hierdurch wird der Nachteil der anderen Anordnung vermieden und überdies tritt noch eine gewisse Kolonnenwirkung (s. S. 17) ein, die die Trennschärfe wesentlich erhöhen dürfte.

Der unmittelbare Vorteil aller dieser Verbesserungen ist die Miterfassung der Olefine in einem Arbeitsgang und der geringere Bedarf an Analysengas (5 bis 50 ccm); als Dauer einer einfachen Analyse wird 1 bis 2 Stunden angegeben, doch läßt sich höchste Genauigkeit erst bei langsamer Desorption (24 Stunden) erreichen. Das Protokoll einer Bestimmung einschließlich der Olefine sei angeführt:

Tabelle III

Analyse eines Gemisches gesättigter und ungesättigter Paraffinkohlenwasserstoffe nach Edse und Harteck

Ω für die reinen Gase			304,80	373,80	405,90	398,35	410,68	406,82
	Fraktion ccm	Ω	H_2 ccm	CH_4 ccm	C_2H_4 ccm	C_2H_6 ccm	C_3H_6 ccm	C_3H_8 ccm
	1) 2,5	304,79	2,5					
	2) 4,0	304,80	4,0					
	3) 2,7	373,07		2,7				
	4) 2,7	373,74		2,7				
	5) 2,4	404,09			2,0	0,4		
	6) 3,6	400,73			1,9	1,7		
	7) 2,5	400,16			1,2	1,3		
	8) 3,4	399,28			0,9	2,5		
	9) 2,5	408,76					2,0	0,5
	10) 2,2	408,23					1,2	1,0
	11) 2,5	408,12					1,3	1,2
	12) 3,5	407,13					0,5	3,0
gefunden:	34,5		6,5	5,4	6,0	5,9	5,0	5,7
gegeben:			6,5	5,4	6,0	5,9	5,0	5,7

III. Ein wesentlich einfacheres und sehr elegantes, für den technischen Betrieb geeignetes Verfahren zur Analyse von gasförmigen Kohlenwasserstoffen hat — unabhängig von den anderen Arbeitskreisen — R. Henjes[34]) entwickelt. Zum Unterschied von den vorhergehenden Methoden arbeitet es bei Atmosphärendruck und spart damit Vakuumpumpen und -meßgeräte. Auch flüssige Luft ist entbehrlich, da für die meisten Analysen eine tiefste Temperatur von -50^0 ausreicht. Zur Analyse des desorbierten Gases dient ebenfalls die Wärmeleitfähigkeit; die Eichung geschieht mit den reinen Gasen. Der höchst einfache Apparat hat folgenden Aufbau:

Die Bürette *B* (250 ccm) mit dem Niveaugefäß *N* nimmt die Gasprobe auf. Sie ist über einen Dreiweghahn durch die Trockenröhre *T* (Chlorcalcium) und den weiteren Dreiweghahn *W* mit dem Adsorptionsgefäß *K* verbunden; dies ist so konstruiert, daß die

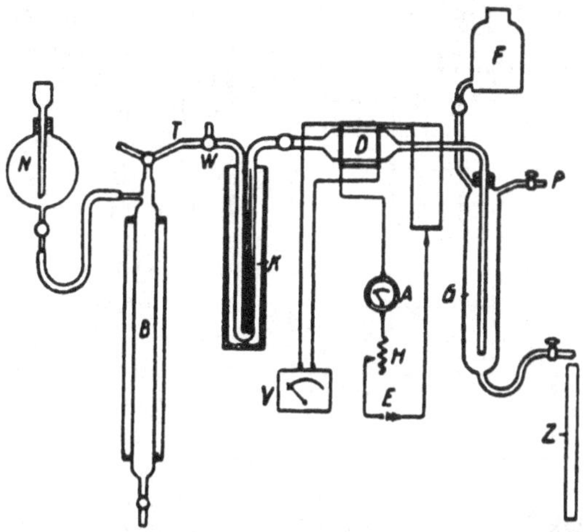

Abb. 1. Anordnung zur Desorptions-Gasanalyse nach Henjes

Gase bei der Beladung (von *W* her) und der Desorption (nach *D* hin) in der gleichen Richtung hindurchströmen. Es ist von einem Eisenmantel umgeben, dessen Wandstärke nach oben zu abnimmt; hierdurch wird beim Anheizen ein Temperaturgefälle in *K* erhalten, das eine beschränkte Kolonnenwirkung zur Folge hat (siehe den folgenden Abschnitt). *D* ist die Meßkammer; sie enthält 2 Heizdrähte, von denen der eine sich im desorbierten Gas und der andere in einem Vergleichsgas befindet; gemessen wird die Differenz der Spannungsabfälle am Millivoltmeter *V*. Den Durchbruch einer neuen Komponente erkennt man sofort an der anderen Einstellung des Millivoltmeters. Das abströmende

Gas wird in G aufgesammelt und gemessen. Das mit Sperrflüssigkeit gefüllte Gefäß F und der Hahnstutzen P ermöglichen die Entnahme von Proben.

Zur Analyse bringt man das Gefäß K mit 2,5 g Aktivkohle (Carbotox K) durch einen übergeschobenen elektrischen Röhrenofen auf 250° und läßt die in der Kohle befindlichen Gase durch W ab. Das von der Meßkammer durch einen Hahn abgeschlossene Kohlerohr wird nach Fortnahme des Ofens auf die Bürette B geschaltet und mitsamt seinem Eisenmantel in einer Kältemischung, die sich in einer Thermosflasche befindet, gekühlt. Kurz bevor die beabsichtigte Menge Gas aus B absorbiert ist, wird die Kühlung entfernt; nach Beendigung der Adsorption (in N erkennbar) wird das Kohlegefäß gegen B geschlossen und nach D und G geöffnet. Mit Hilfe des regulierbaren elektrischen Röhrenofens wird nun langsam aufgeheizt, wobei das Tempo nach der in Z eintropfenden Sperrflüssigkeit eingestellt wird. Während der Analyse werden die Ausschläge des Millivollmeters in Abhängigkeit von den ausgetriebenen Gasmengen auf Millimeterpapier aufgetragen. Bei einem Erdgas wurde beispielsweise vorstehendes Diagramm (Abb. 2) erhalten.

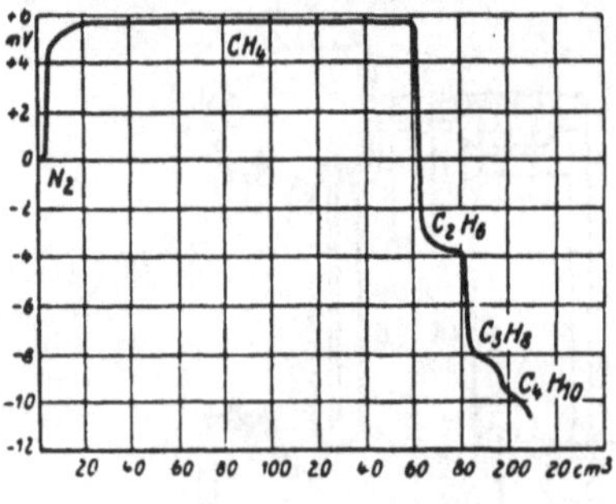

Abb. 2. Diagramm einer Erdgas-Analyse nach Henjes

Man sieht, daß sich das Auftreten einer neuen Komponente sehr deutlich markiert und daß auch das Mengenverhältnis der einzelnen Gase aus dem Diagramm rasch und ziemlich genau entnommen werden kann. Die Dauer einer Bestimmung, zu der 200 bis 300 ccm Gas erforderlich sind, beträgt etwa $1^1/_2$ Stunden.

Die schöne Methode hat noch einen besonderen Vorteil, wenn es sich um eine genaue Analyse der schweren Verunreinigungen in einem leichten Hauptgas handelt. Dieser Fall spielt z. B. eine Rolle, wenn man die letzten Reste Benzin in einem Synthesegas oder Erdgas feststellen und analysieren will. Man kann dann mit Voranreicherung arbeiten, das heißt, man läßt eine große Menge des Gasgemisches durch die Kohle passieren. Wegen der höheren Adsorbierbarkeit der schwerer flüchtigen Komponenten entweicht zunächst nur das leichte Hauptgas; kurz vor Durchbruch der ersten höheren Komponente beendet man die Beladung und führt mit dem Adsorpt die Analyse aus. Sie wird sogar besonders genau, weil das Hauptgas als „Spülgas" wirkt und die Zonen der anderen Stoffe auseinander fraktioniert (s. S. 20). Das gleiche Gasgemisch wie oben (Abb. 2) gab in diesem Fall folgendes Diagramm:

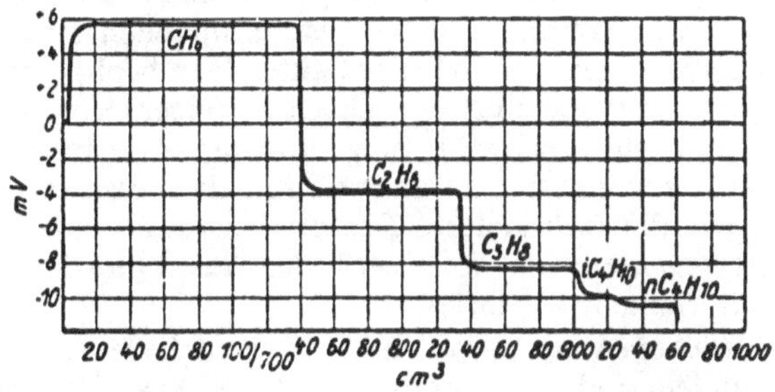

Abb. 3. Diagramm einer Gasanalyse mit „Voranreicherung" der schwereren Bestandteile. (Nach Henjes)

Allgemeines über Kolonnenmethoden

Für die Trennungsgrenzen und die Trennschärfe aller Desorptionsverfahren ist die Differenz der Desorptionstemperaturen von wesentlicher Bedeutung, die in homologen Reihen den Siedepunkten etwa symbat gehen[35]. Je weiter diese auseinander liegen, um so besser ist im allgemeinen die Trennung. Praktisch gelingt sie gerade noch zwischen Butan und Isobutan (Differenz der Siedepunkte = 11°) und zwischen Äthan und Äthylen (Siedepunkts-Differenz = 9°), während die höheren Paraffine sich von ihren Isomeren und Olefinen nicht mehr trennen lassen. Weitere Fortschritte lassen sich durch Kombination von Adsorption und Desorption in Anordnungen mit Kolonnenwirkung erzielen.

Diesen ist gemeinsam, daß man das Gas auf möglichst langem Wege durch Adsorptionsmittelschichten streichen läßt. Es entwickelt sich dann, bildlich gesprochen, ein Hindernisrennen der Gasmolekeln. Stark adsorbierbare Gase finden im Adsorptionsmittel viele und schwerwiegende Hindernisse, an denen ihr Weiterströmen aufgehalten wird, schwach adsorbierbare nur wenige. Da jede Molekel auf ihrem Weg durch die Kolonne häufig festgehalten und wieder losgelassen wird, verschwindet alles Zufällige des einmaligen Vorganges. Gleiche Molekeln werden im Durchschnitt gleich rasch vorankommen und bleiben daher in Zonen beisammen, die durch die Säule hindurchwandern und ihre Abstände langsam vergrößern, während das Adsorbens zwischen ihnen annähernd unbesetzt ist. Schließlich erreicht eine Zone nach der anderen das Ende der Säule. Man beobachtet daher ein stoßweises Durchbrechen der einzelnen reinen Komponenten, das mit Minima der Gasentbindung abwechselt. Eine derartige Methode steht zur einfachen Desorptionsanalyse also im gleichen Verhältnis wie die fraktionierte Destillation durch eine Kolonne zur einfachen; hier wie dort wird der auswählende Vorgang automatisch vielfach wiederholt.

Der beschriebene Vorgang tritt nur ein, wenn die Molekeln locker genug gebunden sind, sich gerade auf der Grenze zwischen Ad- und Desorption befinden. Dieser Schwebezustand kann durch Erwärmung oder durch Verdrängung erreicht werden. Man hat danach zwei verschiedene Gruppen von praktischen Verfahren zu unterscheiden.

Kolonnenmethoden mit thermischer Desorption

I. Das erste Kolonnenverfahren mit thermischer Desorption ist von Eucken und Knick[36]) beschrieben worden. Das Adsorptionsgefäß hat dabei die Form eines 40 cm langen und sehr dünnen U-Rohrs, dessen absteigender Schenkel von unten bis zur Mitte mit Kohle (carbo medicinalis Merck) gefüllt ist. Das U-Rohr ist bei Versuchsbeginn in seiner unteren Hälfte von einem —120° kaltem Bad, in seiner oberen aber von einem auf 250° geheizten Ofen umgeben. In dieser Ausgangsstellung erfolgt die Beladung der Kohle mit dem Gasgemisch. Dann wird durch ein Uhrwerk

Ofen und Kühlbad langsam gesenkt, wodurch immer weitere Teile der Kohle in die heiße Zone gelangen. Das desorbierte Gas wird durch die noch gekühlte Adsorbensschicht getrieben und zunehmend besser getrennt; bald tritt das leichteste Gas am unteren Ende aus der Kohle aus und die anderen folgen nach ihrer Desorbierbarkeit. Eucken und Knick messen fortlaufend den Druck des insgesamt desorbierten Gases in einem Sammelgefäß, ferner den Druck des abströmenden Gases, das sich vor einer Drosselstelle

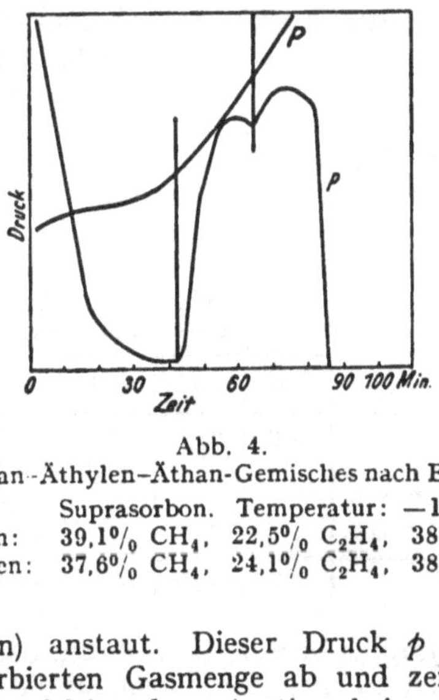

Abb. 4.

Analyse eines Methan-Äthylen-Äthan-Gemisches nach Eucken und Knick

Kohle:	Suprasorbon.	Temperatur:	-103^0
Gegeben:	39,1% CH_4,	22,5% C_2H_4,	38,4% C_2H_6
Gefunden:	37,6% CH_4,	24,1% C_2H_4,	38,3% C_2H_6

(Feinregulierhahn) anstaut. Dieser Druck p hängt von der sekundlich desorbierten Gasmenge ab und zeigt jedesmal ein Minimum mit nachfolgendem Anstieg beim Durchbruch des nächsten Kohlenwasserstoffes. Hieraus ergibt sich die Abgrenzung einer Fraktion, und aus der inzwischen eingetretenen Änderung des Gesamtdrucks P im Auffanggefäß ihre Menge in Prozenten. Die Kurvenbilder eines Versuchs und ihre Auswertung zeigt Abb. 4; die senkrechten Linien bezeichnen die Grenze zwischen je 2 Fraktionen, erkennbar am Minimum der p-Kurve. Die Schnittpunkte dieser Linien mit der P-Kurve sowie der Anfangsdruck P_0 und der Enddruck P_E geben die Daten zur Auswertung der Analyse ab.

Das Verfahren gestattet mit 1 bis 2 ccm Gas eine quantitative Analyse durchzuführen, wenn das Gemisch aus niederen Kohlenwasserstoffen besteht und seine Zusammensetzung qualitativ bekannt ist; die Genauigkeit wird mit durchschnittlich 1% und die Dauer einer Bestimmung mit 50 bis 100 Minuten angegeben.

II. Eine Weiterbildung dieses Euckenschen Verfahrens haben L. Küchler und O. G. Weller[37]) angegeben. Bei ihnen werden die einzelnen Fraktionen getrennt aufgefangen und können durch Verbrennung am Platindraht analysiert werden, daher ist die vorherige Kenntnis der qualitativen Zusammensetzung des Gemisches nicht mehr nötig. Ist diese aber bekannt, so kann man sich wieder mit der Aufteilung in binäre und ternäre Gemische begnügen, da sich aus den Analysendaten die Anteile der Komponenten in jeder Fraktion berechnen lassen. Ein Analysenprotokoll soll wieder den Vorgang erläutern:

Tabelle IV.

Analyse einer Mischung aus Äthylen, Äthan, Propan, Butan und Butadien nach Küchler und Weller

		C_2H_4	C_2H_6	C_3H_8	C_4H_{10}	C_4H_6	Summe
analysiert:	I 0,63 ccm	4,9	29,6	0,3			34,8%
1,81 ccm	II 0,58 ccm			31,4	0,7		32,1%
	III 0,60 ccm				17,2	15,9	33,1%
Gefunden:	1,81 ccm	4,9	29,6	31,7	17,9	15,9	100,0%
Gegeben:		4,9	30,3	32,1	17,0	15,7	

Auch dieses Verfahren benötigt etwa 1 ccm Gas (unter Normalbedingungen). Es würde sich jedoch auch für die zehnmal kleinere Menge ausbauen lassen und ist somit das eigentliche Mikroverfahren unter allen gasanalytischen Methoden.

Kolonnenmethoden mit Spülgas

I. Ein derartiges Verfahren hat zuerst P. Schuftan in seiner Schrift „Gasanalyse in der Technik"[38]) 1931 angegeben, also zu einer Zeit, als die Adsorptionsanalyse noch in den ersten Anfängen steckte. Das aus Wasserstoff, Stickstoff, Kohlenoxyd, Sauerstoff,

Methan, Äthylen und höheren gasförmigen Kohlenwasserstoffen zusammengesetzte Crackgas wurde durch gekühlte Adsorptionskohle geleitet bis zum Durchbruch des Methans; dann sind Wasserstoff, Stickstoff, Kohlenoxyd und Sauerstoff als erste Fraktion vollständig desorbiert und können nach der gewöhnlichen Gasanalyse nebeneinander bestimmt werden. Nun wird Kohlendioxyd durch das Adsorpt geleitet und damit das Methan ausgewaschen, das über Lauge (zur Bindung des Kohlendioxyds) aufgefangen und gemessen wird.

In gleicher Weise erhält man anschließend das Äthylen. Ist auch dieses vollständig ausgewaschen, so wird das Kühlbad langsam entfernt und das Gemisch der höheren Kohlenwasserstoffe als letzte Fraktion durch Kohlendioxyd verdrängt. Das Auftreten jedes neuen Gases wird an einem Interferometer erkannt.

Mit unseren heutigen Kenntnissen würde sich das Verfahren ohne weiteres so verbessern lassen, daß auch eine Trennung der höheren Kohlenwasserstoffe bis zu den Butanen herauf möglich wäre. Vor allem muß man die Kohle in den absteigenden Schenkel des gekühlten U-Rohres legen und nicht in den aufsteigenden, sonst wirkt die bei der Entfernung des Kühlbades eintretende Fraktionierung der gewollten entgegen.

II. Von einer ganz anderen Seite her haben G. Hesse und Mitarbeiter[39]) ein präparatives Trennungsverfahren für Gase und verdampfbare Flüssigkeiten entwickelt, die annähernd gleiche Siedepunkte haben. Dies stellt den schwierigsten Fall dar, da Ad- und Desorption, wie wir gesehen haben, für gleich siedende Stoffe annähernd gleich groß sind. Andererseits ist gerade für diesen Fall, in dem die fraktionierte Destillation versagt, ein Trennverfahren besonders wichtig.

Hesse und Eilbracht benutzten zu dieser „Adsorptionsdestillation" einen Claisen-Kolben mit verlängertem und heizbarem Zweigrohr, das mit Kieselsäuregel (Deutsche Silicagel-Ges. Dr. v. Lude, Berlin) gefüllt ist; durch die sehr weite Kapillare des Kolbens wird Kohlendioxyd als Waschgas eingeleitet (Abb. 5). Die ganze Anordnung stellt eine auf den Dampfzustand übertragene chromatographische Adsorptionsanalyse mit Kohlendioxyd als „Lösungsmittel" und „Waschflüssigkeit" dar. Zum Einsatz kam ein Gemisch, das nach sorgfältiger fraktionierter Destillation zwischen 101—104°/12 mm überging und nicht weiter aufteilbar war. Zur Heizung des Adsorptionsmittels diente Wasserdampf. Bei 120 bis 140° Badtemperatur destillierte nun der gesättigte Anteil, während der ungesättigte erst bei 200 bis 220° annähernd rein überging.

Hesse und Tschachotin haben die Methode dann an binären Gemischen aus Benzol (Siedepunkt 80°), Cyclohexan (Siede-

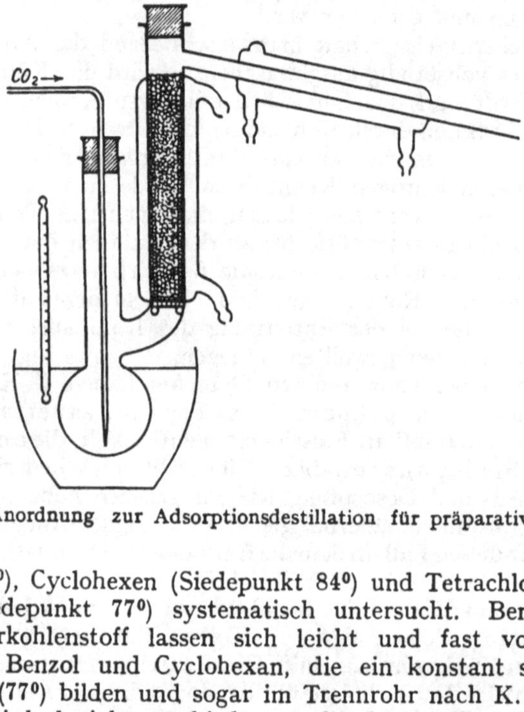

Abb. 5. Anordnung zur Adsorptionsdestillation für präparative Zwecke

punkt 81°), Cyclohexen (Siedepunkt 84°) und Tetrachlorkohlenstoff (Siedepunkt 77°) systematisch untersucht. Benzol und Tetrachlorkohlenstoff lassen sich leicht und fast vollständig trennen. Benzol und Cyclohexan, die ein konstant siedendes Gemisch (77°) bilden und sogar im Trennrohr nach K. Clusius und G. Dickel nicht geschieden werden können[40]), gaben etwa 45% des Benzols und 52% des Cyclohexans in reiner Form (mit weniger als 1% Verunreinigung), und zwar ging Cyclohexan als der gesättigte Anteil trotz des etwas höheren Siedepunktes zuerst über. Benzol und Cyclohexen, die sich im Grade ihrer Ungesättigtheit nur wenig unterscheiden (die drei Doppelbindungen des Benzols entsprechen in ihrem chromophoren Verhalten etwa anderthalb aliphatischen Doppelbindungen), werden sehr schlecht getrennt. Immerhin gelang es auch hier, eine ganz reine Anfangs- und Endfraktion, die zur Identifizierung ausreichen würden, zu erhalten.

Folgende allgemeine Regeln ließen sich aufstellen: Das Waschgas muß in seinem Adsorptionsverhalten den zu trennenden Stoffen und dem Adsorptionsmittel angepaßt sein; außer Kohlendioxyd kommen besonders Helium, Wasserstoff, Stickstoff, Kohlenoxyd, Stickoxydul, Schwefeldioxyd und Ammoniak in Frage. Die Strömungsgeschwindigkeit hat erheblichen Einfluß mit einem Optimum bei ziemlich niedrigen Werten; bei unserer Apparatur lag es bei 1 Liter Gas in der Stunde. Das Adsorptionsmittel soll große äußere Oberfläche und weite oder wenig Poren haben; enge Poren begünstigen die Kapillarkondensation, die bei gleich siedenden Stoffen nicht viel zur Trennung beiträgt. Die Säule soll annähernd auf der Siedetemperatur des Gemisches gehalten werden, am besten 1 bis 2° darüber. Die Elution fest haftender Stoffe kann durch Temperaturerhöhung oder durch Wechsel im Trägergas geschehen.

Technische Gasadsorptionsverfahren

Auf den gleichen Erscheinungen, die wir bei den analytischen Verfahren zur Gastrennung kennengelernt und benutzt haben, beruhen auch die großtechnischen Anlagen zur Gewinnung organischer Stoffe aus Reaktionsgasen und Abgasen[41]). Hierher gehört die Wiedergewinnung von Lösungsmitteln in Lackierereien, bei der Gummierung von Geweben, der Film- und Folienherstellung, in der Kunstlederfabrikation und im Tiefdruck, in chemischen Wäschereien und Extraktionsanlagen. Ferner zählen dazu die Gewinnung höherer Kohlenwasserstoffe aus dem Erdgas und besonders aus den sehr stickstoffreichen und daher verdünnten Reaktionsgasen der Kohlehydrierung nach dem Fischer-Tropsch-Verfahren. Zahl und Ausmaß dieser Anlagen sind heute gewaltig groß; man rechnet, daß jährlich über eine Million Tonnen Treibgas, Benzine, Benzol und organische Lösungsmittel über die Kohleadsorption gewonnen werden.

Die Adsorptionsmethode hatte einen Vorläufer in der Gaswäsche, bei der die gesuchten Stoffe mit Lösungsmitteln wie Paraffinöl oder Kresol ausgewaschen wurden. Das neue Verfahren zeigt sich besonders dann überlegen, wenn die abzuscheidenden Stoffe leicht flüchtig oder nur in geringer Menge vorhanden sind. Die Aufnahme von Dämpfen durch ein Lösungsmittel steigt nämlich proportional ihrem Partialdruck, die Isotherme der Kohleadsorption ist dagegen eine logarithmische Funktion, die anfangs sehr rasch ansteigt und später langsam. Abb. 6 zeigt für Benzoldämpfe die prozentige Aufnahme durch Waschöl und durch Kohle bei 20°.

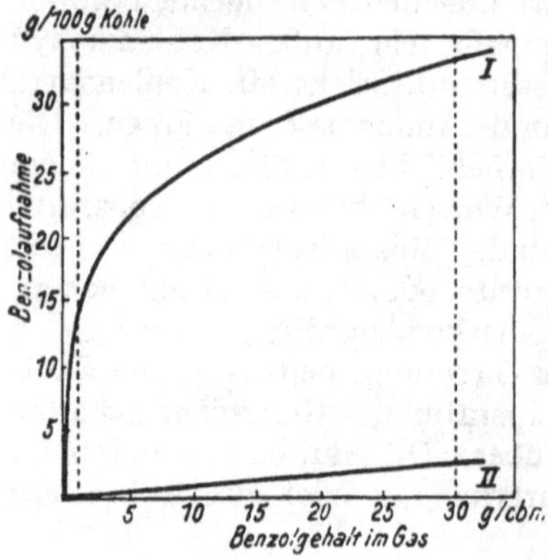

Abb. 6. Benzolaufnahme von Aktivkohle (I) im Vergleich zu Waschöl (II) (nach Schindel)

Erst bei sehr hohen Konzentrationen des gesuchten Stoffes überschneiden sich schließlich beide Kurven, und jenseits des Schnittpunktes wird das Waschverfahren überlegen. Dies tritt bei schweren Stoffen früher ein als bei leichten, die erforderliche Konzentration liegt indessen meistens weit außerhalb des technisch interessierenden Bereiches (gestrichelte Linien in Abb. 6).

In der praktischen Ausführung, die besonders von der Lurgi, Gesellschaft für Wärmetechnik, Frankfurt am Main, entwickelt worden ist, besteht eine solche Gewinnungsanlage aus mehreren großen stehenden Kesseln (Abb. 7). Das Gasgemisch tritt unten von der Seite her ein, streicht dann zuerst durch eine Schicht aus groben Schamottesteinen oder ähnlichem Material, das als Wärmespeicher wirkt, und dann durch die Kohleschicht. Die verwendete Kohle besteht aus kleinen Körnern (Durchmesser etwa 4 mm) und ist 0,5 bis 2 m hoch eingefüllt. Oben trägt jeder Kessel ein weites Ableitungsrohr für die gereinigten Gase, das wie die Zuleitung durch Schieber abgesperrt werden kann. Das Ende der Beladung wird durch laufende Kontrolle der Abgase erkannt. Der

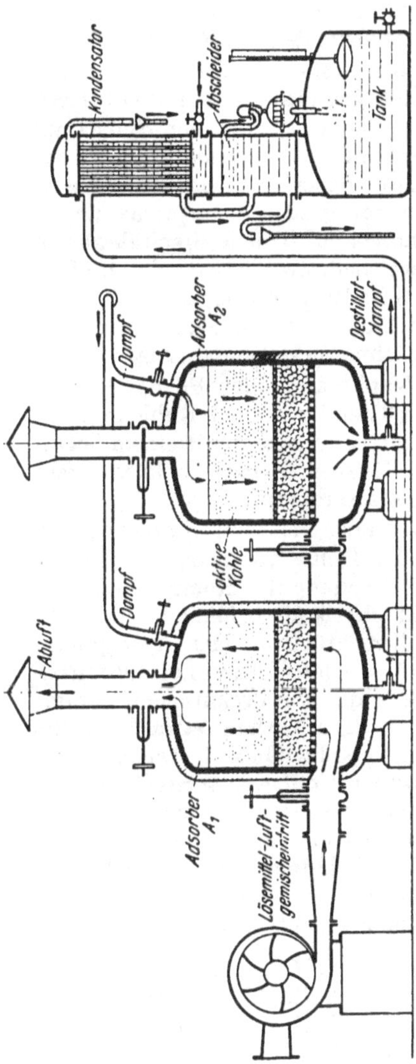

Abb. 7. Schema des „Supersorbon"-Verfahrens zur Gewinnung adsorbierbarer Stoffe aus Gasen (nach Schindel)

betreffende Kessel wird dann abgeschaltet und ein neuer in den Gasstrom gelegt, man arbeitet also diskontinuierlich in ständigem Wechsel von Beladung und Freilegung des Adsorptionsmittels. Zur Elution der adsorbierten Substanz dient ausschließlich Wasserdampf (D.R.P. 310 092), der meist in überhitzter Form von oben eingeblasen wird und die Kohleschicht durchdringt, alle adsorbierte Substanz mit sich nehmend. Im „Wärmespeicher" und einer nachfolgenden Kühlanlage kondensiert, geht das Gemisch aus Wasser und den eluierten Stoffen zur weiteren Verarbeitung. Die Dampfeinleitung wird erst unterbrochen, wenn der Wärmespeicher genügend aufgeheizt ist; er soll die Hitze hergeben, die zum Trockenblasen der Kohle benötigt wird. Dieses Trocknen kann bei der Benzingewinnung mit dem zu verarbeitenden Gas selbst erfolgen (D.R.P. 561179), da Kohle bei hoher Temperatur eine viel geringere Affinität zum Wasser hat als zu den Kohlenwasserstoffen.

In anderen Anlagen ist der Wärmespeicher fortgelassen. Die Aufheizung des Adsorptionsmittels geschieht dort indirekt durch eine Heizspirale, die in der Kohleschicht liegt und von Heißdampf durchströmt wird. Diese Anordnung ist notwendig, wenn der gesuchte Stoff nicht so viel besser adsorbiert wird als Wasser; sie ist ferner dort von Vorteil, wo mit großen Adsorptionswärmen zu rechnen ist. In diesem Fall kann nämlich die Rohrspirale gleichzeitig zur Kühlung dienen, zu welchem Zweck eine gekühlte Sole hindurchgepumpt wird. Da die Gasadsorption bei tieferen Temperaturen zunimmt, sind Kapazität und Durchsatzgeschwindigkeit einer solchen Anlage größer als ohne diese Einrichtung.

Schwerflüchtige Stoffe wie Naphthalin oder Phenol können mit Wasserdampf nicht leicht vollständig aus der Kohle entfernt werden. In diesem Fall extrahiert man zuerst mit einem leichtflüchtigen Lösungsmittel, zum Beispiel Benzol, und vertreibt dessen Reste anschließend mit Wasserdampf.

Handelt es sich um die Gewinnung mehrerer Stoffe, wie bei Erdgas oder dem Synthesegas der Kohlehydrierung, so tritt im Adsorber eine sehr weitgehende Trennung der Komponenten ein, selbst wenn diese chemisch und physikalisch ähnlich sind. Die Anordnung entspricht ja in allen Stücken einer Adsorptionskolonne mit Spülgas (S. 20). Als solches wirkt in Lösungsmittel-Gewinnungsanlagen die Luft, aus der die organischen Dämpfe abgeschieden werden sollen, im Erdgas Methan (etwa 80%), im Synthesegas Stickstoff, Methan und Kohlendioxyd. Das Ergebnis ist eine sehr scharfe Schichtung der Kohlenwasserstoffe im Adsorpt, mitunter mit dünnbesetzten Zwischenzonen, und bei Überbeladung tritt ein Stoff nach dem anderen annähernd rein aus dem Adsorber wieder aus. Dies Verhalten hat man sich auch technisch zunutze gemacht. So wurde bei einem Erdgas, das zum Beispiel folgende Zusammensetzung hatte:

CO_2	0,3%	C_3H_8	4,7%
CH_4	78,7%	C_4H_{10}	3,4%
C_2H_6	9,2%	C_5H_{12}	1,6%

Höhere Kohlenwasserstoffe 2,1%

die Beladung erst nach dem Durchbruch des Butans beendet und bei der nachfolgenden Elution daher ein flüssiges Benzin erhalten, das den üblichen Anforderungen genügt hat. Man arbeitete also mit „Voranreicherung" (S. 17). Als man aber erkannt hatte, daß auch Propan und Butan wertvolle Treibstoffe sind, ließ man nur noch bis zum Äthan hindurchgehen und führte nach der Elution den gasförmigen Anteil einer Kompressoranlage zu, in der er verflüssigt (10 bis 20 Atm.) und nachfolgend fraktioniert destilliert wurde.

Natürlich erfolgt auch beim Ausdämpfen des Adsorpts eine fraktionierte Desorption, die technisch benutzt werden kann. Aus früher erörterten Gründen ist es aber nötig, daß der Wasserdampf dann die Kohleschicht in der gleichen Richtung durchströmt wie vorher die Abgase, sonst wird die schon stattgefundene Trennung wieder verwischt. In einigen Spezialfällen verfährt man allerdings anders. Hat man zum Beispiel aus Kokereigas Benzol und Naphthalin adsorbiert, so müßte zur Entfernung des wenig flüchtigen Naphthalins mit Waschflüssigkeit extrahiert werden. Eluiert man aber mit Wasserdampf von oben her, also in Gegenrichtung zur Beladung, so wird zunächst das Benzol verdrängt und wäscht das Naphthalin der tieferen Schichten aus; bis der Wasserdampf dahin vorgedrungen ist, findet er nur noch Benzol vor, das er leicht vertreiben kann. In derselben Weise verarbeitet man die abgesaugte Luft in den Celluloidfabriken, aus der Kampfer und seine Lösungsmittel so zurückgewonnen werden.

Die Gasmaske und die Luftfilter der Schutzräume, bei denen das Gewicht nicht auf der Gewinnung irgendwelcher Stoffe, sondern auf der Reinigung der Luft liegt, sollen hier nur erwähnt werden.

In allen bisher besprochenen Fällen dient als Adsorptionsmittel ausschließlich Aktivkohle. Kieselsäuregel und andere oxydische Adsorptionsmittel kommen bisher nur zur Gastrocknung in Frage, da sie das Wasser vor den meisten anderen Stoffen festhalten und daher aus feuchten Gasen nur dieses aufnehmen. Mitunter werden andere Stoffe mit adsorbiert, so Ammoniak, Cyan und Naphthalin aus Leuchtgas, doch ist das stets von sekundärer Bedeutung. Als Trockenmittel sind diese Adsorptionsstoffe den bisher hierfür verwendeten Substanzen weit überlegen, wie folgende Tabelle[42]) zeigt; sie verzeichnet den restlichen Wassergehalt der gleichen feuchten Luft, nachdem sie über verschiedene Trockenmittel geleitet worden ist:

Trockenmittel	Restwasser in 1 Liter Luft (Milligramm)
Kupfersulfat, wasserfrei	2,8
Chlorcalcium, gekörnt	1,5
Chlorcalcium, techn. wasserfrei	1,25
Chlorzink, stückig	0,98
Natriumhydroxyd, stückig	0,80
Chlorcalcium, entwässert	0,36
Kieselsäuregel	0,03
Tonerdegel	0,005

Zu der größeren Trockenwirkung kommt als weiterer Vorteil die besonders leichte Regenerierbarkeit hinzu; die Oxyde sind unschmelzbar und können deshalb bequem durch Erhitzen entwässert werden, ohne ihre körnige Form zu verlieren.

Aus den besprochenen Gründen ist Kieselsäuregel ein sehr wertvolles Füllmittel für die Exsikkatoren im chemischen Laboratorium. Es ist den üblichen Massen (Schwefelsäure, Chlorcalcium, Ätzalkalien) noch dadurch überlegen, daß es in frischem Zustand auch alle organischen Lösungsmittel, selbst Kohlenwasserstoffe, aufnimmt, die sonst durch eine eigene Füllung wie Paraffin oder besser Aktivkohle adsorbiert werden müßten. Handelt es sich um die Bindung von Wasser, so empfiehlt sich die Verwendung des sogenannten Blaugels[43]). Dies ist ein mit Kobaltsalzen blau gefärbtes Kieselsäuregel, dessen Farbe bei der Beladung mit Wasser in Rosa umschlägt und damit als „Feuchtigkeitsindikator" anzeigt, wann das Trockenmittel erneuert werden muß.

DIE ADSORPTION AUS LÖSUNGEN

I. Theoretische Übersicht

Auch bei der Adsorption gelöster Stoffe sind verschiedene Vorgänge zu unterscheiden, die freilich in vielen Fällen zusammen auftreten und sich überlagern.

Die echte Adsorption oder Additionsadsorption findet sich am reinsten bei homöopolaren Verbindungen. Der gelöste Stoff wird in diesem Fall an der Oberfläche des Adsorptionsmittels gebunden, ohne daß gleichzeitig ein anderer Stoff in die Lösung übertritt. Der Vorgang gehorcht — wie die Oberflächenadsorption von Gasen — der Ostwald-Freundlichschen Adsorptionsisotherme. Man muß aber beachten, daß auch das Lösungsmittel adsorbiert wird; daher ist die beobachtete Adsorption in einem derartigen Dreistoffsystem um so kleiner, je größer die Affinität des Lösungsmittels zum Adsorbens ist. Bei sehr verdünnten Lösungen, in denen die Lösungsmittelkonzentration praktisch konstant ist, äußert sich dies nur in einer Verflachung der Adsorptionskurve (Änderung der Koeffizienten α und $1/n$, S. 7); bei Gemischen aus vergleichbaren Mengen verschiedener Stoffe liegen die Verhältnisse komplizierter.

Man versteht diese Art von Adsorption wohl am besten, wenn man sie als die Bildung von Molekülverbindungen zwischen der adsorbierten Substanz und bestimmten Stellen an der Oberfläche des Adsorbens, den sogenannten „aktiven Zentren", auffaßt. Für diese Anschauung hat E. Weitz[44]) neuerdings wichtige Stützen beigebracht. Er fand, daß Triarylmethanderivate und viele andere Substanzen, die mit Säuren oder Metallsalzen farbige Molekülverbindungen geben, auch an Kieselsäuregel oder Aluminiumoxyd mit entsprechender Färbung adsorbiert werden. Diese Molekülverbindungen und die Adsorpte werden durch die gleichen Lösungsmittel (Alkohole, Aceton, Wasser) unter Entfärbung wieder zerlegt. Die Entstehung der Farbe erklärt er durch Polarisation der Verbindungen am Adsorptionsmittel, und er hat auch

Fälle aufgefunden, in denen diese Polarisation der Auftakt zu chemischen Veränderungen der adsorbierten Stoffe ist, das Adsorbens also durch seine polarisierende Eigenschaft katalytisch wirkt.

Wie die Bildung von Molekülverbindungen hat diese Adsorption im Unterschied zur Sorption der Gase nur einen sehr kleinen Temperaturkoeffizienten. In der Hitze wird kaum weniger aufgenommen als in der Kälte. Berücksichtigt man noch, daß die Einstellung des Adsorptionsgleichgewichts wegen der hierzu erforderlichen Diffusion in Lösungen viel langsamer erfolgt als in Gasen, so leuchtet ein, daß man häufig mit Vorteil in der Wärme arbeiten wird. Aus dem gleichen Grunde wird man, wo es angängig ist, durch Rühren oder Schütteln die Diffusion unterstützen und Adsorptionsmittel mit großer, freiliegender Oberfläche wählen, also faserige oder blättchenförmige (lamellare), nicht aber poröse Stoffe wie für die Sorption der Gase.

Überblickt man die große Zahl der Stoffe, die zu Adsorptionen aus Lösung verwendet worden sind, so fällt auf, daß auch hier der Kohlenstoff und einige kohlenstoffreiche Verbindungen eine Sonderstellung einnehmen[45]). Sie haben eine recht geringe Affinität zum Wasser und zu den niederen Alkoholen und werden daher hydrophobe Adsorbentien genannt. Sie allein sind zur Adsorption unpolarer Stoffe aus wäßriger Lösung geeignet (vgl. aber Austauschadsorption, S. 32). Die gleiche Substanz wird aus Wasser, Alkohol, Aceton, Chloroform, Petroläther zunehmend schlechter adsorbiert.

Die Hauptzahl der Adsorptionsmittel (Aluminiumoxyd, Kieselsäuregel, Calciumoxyd, Calciumcarbonat, Calciumsulfat, Bleicherden), die alle Sauerstoff enthalten, nehmen dagegen Wasser und niedere organische Hydroxylverbindungen gierig und häufig unter starker Erwärmung auf und werden daher hydrophile Adsorbentien genannt. Sie sind auch sonst in ihrem Adsorptionsverhalten ähnlich, und zwar in der Art, daß sie verschiedene Stoffe in der gleichen Reihenfolge binden, nur mit verschiedener Festigkeit. Über ihre Rangordnung liegen zwar noch keine systematischen Versuche vor, doch kann man aus vielen praktischen Erfahrungen etwa folgende Reihenfolge ablesen. Dabei stehen die stärksten Adsorptionsmittel am Anfang, die schwächsten am Schluß:

> Aluminiumoxyd, Aluminiumhydroxyd, Magnesiumoxyd, Calciumoxyd, Calciumhydroxyd, Calciumcarbonat, Calciumsulfat, Calciumphosphat, Talk, Zucker, Inulin.

Diese Stoffe stellen also eine Auswahl von Adsorptionsmitteln mit abnehmender Aktivität dar, die es uns erlaubt, für jede Trennung einen günstigsten Stoff auszuwählen.

Ihre Anordnung ist im großen und ganzen diejenige der Härteskala. Man versteht diesen Zusammenhang, wenn man mit H. Rheinbold und E. Wedekind die Adsorptionskräfte als die Randkräfte des Gitters betrachtet[46]). Denn wo die gegenseitige Bindung der Gitterbausteine besonders fest ist, da werden am Rande hohe Affinitätsbeträge übrigbleiben, die für die Adsorption zur Verfügung stehen.

Die Festigkeit der adsorptiven Bindung ist indessen, wie wir gesehen haben, durch das Adsorbens und den adsorbierbaren Stoff allein nicht bestimmt; es kommt noch auf das Lösungsmittel an. Je stärker dieses selbst festgehalten wird, je mehr es dem gelösten Stoff die aktiven Zentren des Adsorptionsmittels streitig macht, desto schwächer wird dieser gebunden. Die folgende Reihe der Lösungsmittel bedeutet daher zugleich

1. zunehmende Adsorption an hydrophilen Adsorptionsmitteln,
2. zunehmende Elutionswirkung (S. 94) an diesen,
3. abnehmende Adsorption eines darin gelösten Stoffes.

Auch diese Reihe wurde ursprünglich aus vielen Einzelerfahrungen erschlossen[47]), sie ist aber inzwischen von W. Trappe[48]) durch eine systematische Untersuchung an Fettstoffen im wesentlichen bestätigt und noch erweitert worden:

> Petroläther (Pentan), Tetrachlorkohlenstoff, Trichloräthylen, Benzol, Methylenchlorid, Chloroform, Äther, Essigester, Aceton, n-Propylalkohol, Äthylalkohol, Methylalkohol, Wasser, Pyridin.

Adsorptionsmittel und Lösungsmittel bilden zusammen das „Adsorptionsmilieu", das die Festigkeit der Adsorption und in der chromatographischen Analyse den Erfolg der Trennung bestimmt. Man kann das gleiche Milieu auf verschiedene Weise erreichen, etwa durch Kombination eines starken Adsorptionsmittels mit einem leidlich adsorbierbaren Lösungsmittel (zum Beispiel: Aluminiumoxyd–Äther) oder eines schwächeren Adsorbens mit einem Lösungsmittel, das besonders schwach adsorbiert wird (etwa Calciumcarbonat–Petroläther). Durch geeignete Kombination von Adsorbens und Lösungsmittel läßt sich die Stärke der Adsorption außerordentlich fein abstimmen und damit den Forderungen einer optimalen Trennung anpassen (S. 78).

Die Elution der gebundenen Substanz kann nicht wie bei Gasen durch Temperaturerhöhung erreicht werden, sondern sie wird fast immer durch Verdrängung mittels stark adsorbierbarer Lösungsmittel oder Lösungszusätze bewirkt. Die Reihe der Lösungsmittel ist zugleich die Reihe der Elutionsmittel, nur finden sich die stärksten am Schluß, und jedes vorhergehende ist weniger wirksam. Für Kohle scheint die umgekehrte Reihenfolge zu gelten wie für die hydrophilen Adsorptionsmittel[49]).

Austauschadsorption

Die meisten Adsorptionen ionisierter Substanzen aus wäßriger Lösung vollziehen sich, was bisher wenig beachtet worden ist, durch Ionenaustausch. Es wird also nicht die ganze Verbindung aus der Lösung adsorbiert, sondern nur ihr Kation oder Anion, und dafür geht ein Ion gleicher Ladung aus dem Adsorptionsmittel in die Lösung und fließt mit dem Gegenion ab. Austausch-Adsorptionsmittel für Basen sind Salze unlöslicher, hochmolekularer Säuren; die bekanntesten sind die sogenannten Permutite. Filtriert man etwa eine Kaliumchloridlösung durch einen Permutit mit austauschbarem Natrium, so findet an seiner Oberfläche folgende doppelte Umsetzung statt:

$$\text{Permutit—O—Na} + \text{KCl} = \text{Permutit—O—K} + \text{NaCl}$$

Als aktive Zentren fungieren hier die austauschbaren Natriumionen an der Permutit-Oberfläche; das Kaliumion wird an ihrer

Stelle „adsorbiert" und dafür Natrium an die Lösung abgegeben. In gleicher Weise können auch organische Kationen festgehalten werden. Für die anorganischen Ionen ist eine ganz bestimmte Reihenfolge bekannt, nach der sie sich gegenseitig aus dem Adsorpt verdrängen (s. S. 109); hier genügt es, festzustellen, daß das Säureion ($H^{\cdot}$) alle untersuchten anderen Ionen aus ihrer Bindung verdrängt, wenn es in vergleichbarer Konzentration anwesend ist. Das universelle Elutionsmittel für adsorbierte Kationen sind daher Säuren.

Aus diesem Verhalten des Säureions erklärt sich auch die außerordentliche p_H-Abhängigkeit der Austauschadsorption, die sie charakteristisch von der echten Adsorption unterscheidet. Je niedriger der p_H-Wert ist, desto mehr H-Ionen sind vorhanden, desto schärfer ist die Konkurrenz um das Adsorptionsmittel und desto lockerer deshalb die Bindung des Stoffes, der adsorbiert werden soll. Die Einstellung eines bestimmten p_H-Wertes durch Pufferlösung ist hier ein wichtiges Mittel zur Abstimmung der Bindungsstärke.

Bisher war nur von der Adsorption von Kationen die Rede. In der Tat werden Anionen von einem Natriumpermutit überhaupt nicht festgehalten, da er kein Austauschion dafür hat. Es sind besondere Anionen-Austauscher erforderlich, die ein locker gebundenes Anion haben, zum Beispiel säurebehandelte Bleichtone mit der aktiven Gruppe >Al—Cl. Der Austausch ist dann folgendermaßen zu schreiben:

$$>\mathrm{Al—Cl} + \mathrm{KMnO_4} = >\mathrm{Al—MnO_4} + \mathrm{KCl}$$

(das Aluminium ist mit zwei Valenzen im Gitter des Minerals gebunden.) In diesem Fall bleibt also das Kalium in Lösung, während das Anion MnO_4' „adsorbiert" wird. Ähnlich wie vorhin das Proton verdrängt hier das Hydroxylion alle anderen Anionen aus der Oberfläche des Adsorbens. Der p_H-Wert der Lösung ist deshalb auch bei der Austauschadsorption der Anionen von entscheidendem Einfluß auf die Bindungsstärke.

Beide Arten von Austauschadsorption sind stöchiometrische Vorgänge. Es ist daher charakteristisch für sie, daß verschiedene Ionen in äquivalenten Mengen gebunden werden (Tafel IV, Abb. 1).

II. Praktische Verfahren

Adsorption an Fällungen

Die Forderung, das Adsorptionsmittel mit möglichst großer Oberfläche und möglichst fein verteilt zur Anwendung zu bringen, wird am besten erfüllt, wenn man es erst in der vorliegenden Lösung entstehen läßt. Dies kann durch doppelte Umsetzung oder durch Hydrolyse geschehen.

Beispielsweise adsorbieren H. Roth und Ph. Schuster[50]) Phosphatide aus methylalkoholischen Pflanzenextrakten nach folgender Vorschrift:

20 g gemahlene Körner oder in einem Fleischwolf zerkleinertes grünes Pflanzenmaterial werden in einem Kolben von 250 ccm Inhalt mit 100 ccm Methanol 2 Stunden lang unter Rückfluß gekocht und nach dem Erkalten abgesaugt. Der Rückstand wird von der Nutsche wieder in den Kolben gebracht, noch einmal mit 100 ccm Methylalkohol extrahiert und wieder abgesaugt. Die vereinigten Filtrate bringt man in einen Meßkolben von 200 ccm Inhalt und ergänzt mit Methanol bis zur Marke.

Für die Adsorption und Elution ist zu beachten, daß sie bei der von uns angewandten Menge von 0,5 ccm 30-prozentigem Bleiacetat nur dann vollständig sind, wenn die Phosphatidlösung nicht mehr als 0,35 mg Phosphatidphosphor enthält. Man pipettiert daher aus dem Meßkolben zum Beispiel von den Lupinen-, Sojabohnen- und Rapsextrakten nur 4 ccm in ein Zentrifugenglas und füllt mit Methanol auf 10 ccm auf. Bei Proben, die weniger Phosphatide enthalten, verwendet man bis zu 10 ccm Extrakt. Nun werden 10 ccm Wasser und 0,5 ccm 30-prozentige Bleiacetatlösung zugesetzt und Schwefelwasserstoff bis zur Sättigung eingeleitet. Das in der Zentrifuge abgetrennte Bleisulfid wäscht man einmal mit 20 ccm 50-prozentigem Methylalkohol nach. Zur Elution der Phosphatide wird das Bleisulfid dreimal mit 10 ccm schwefelwasserstoffgesättigtem Methanol ausgewaschen.

In ähnlicher Weise binden K. Freudenberg[51]) u. O. Westphal die blutgruppenspezifische Substanz A an Bleisulfid. In diesem Fall gelingt die Freilegung der adsorbierten Substanz nur nach Zerstörung des Adsorptionsmittels, nämlich durch Oxydation zu Bleisulfat mit Hilfe von Wasserstoffperoxyd[52]). Auch die übliche Reinigung von Pflanzenextraken durch Fällung mit Bleisalzen und nachfolgende Behandlung mit Schwefelwasserstoff bezweckt neben der Ausfällung von Säuren und Gerbstoffen noch eine Reinigung der Lösung durch Adsorption.

G. Hesse und H. Möhring[53]) haben anläßlich einer Fruktosebestimmung im Blut eine Enteiweißung mit kolloidaler Kieselsäure ausgearbeitet, die die meisten anderen Fällungsmethoden an Wirksamkeit übertrifft. Die Kieselsäure wird aus Natronwasserglas mit Phosphorsäure in solchem Verhältnis gefällt, daß der Überschuß dieser Reagentien einen Phosphatpuffer vom $p_H = 5{,}9$ bildet; diese Säurestufe war für die Weiterverarbeitung der Lösung erforderlich.

0,2 ccm Blut werden in einem verschließbaren Spitzkölbchen mit 1,2 ccm eines Gemisches aus 6 Teilen Wasser, 3 Teilen 3 n-Phosphorsäure und 3 Teilen 1 n-Natriumsilikatlösung zusammengebracht. Dann wird sofort der Stopfen aufgesetzt, das Kölbchen geschüttelt und für 1 Minute in ein siedendes Wasserbad gebracht. Danach wird der Kölbcheninhalt durch ein Jenaer Mikro-Glasfilter 30 a, G 3 filtriert und im Filtrat nach oxydativer Zerstörung der Glucose die Fructose bestimmt.

Im ersten Beispiel war das überschüssige Fällungsmittel ein Gas, im zweiten Fall wurde es genau dosiert und diente zur Pufferung der Lösung. Meistens wird man jedoch jeden löslichen Rest solcher Reagentien als störend empfinden und zu vermeiden suchen. Schenk[54]) verwendet deshalb äquivalente Mengen von Aluminiumsulfat und Bariumhydroxyd und erhält neben dem Adsorptionsmittel Aluminiumhydroxyd das ebenfalls unlösliche Bariumsulfat.

Vielfach ist man dazu übergegangen, die Adsorptionsmittel für sich herzustellen, durch Auswaschen oder Dialyse zu reinigen und erst das elektrolytfreie Material als kolloidale Lösung, Gel oder feuchten Niederschlag zur Adsorption zu verwenden. Die Wirksamkeit solcher Niederschläge hängt sehr wesentlich davon ab, ob sie frisch zur Anwendung kommen oder vorher einen Alterungsprozeß durchmachen; ferner ist von Bedeutung, welche Ionen bei der Herstellung im Überschuß waren (näheres hierüber findet man unter „Adsorptionsindikatoren", S. 124).

Zur Reinigung von Scilla-Extrakt geht A. Stoll[55]) beispielsweise folgendermaßen vor, um eine schädigende Wirkung des alkalischen Bleiessigs auf das empfindliche Herzgift zu vermeiden:

4 g des vorgereinigten, gerbstoffhaltigen Präparates werden in einem Liter 50-prozentigem Methylalkohol gelöst, 30 g frisch dargestelltes, alkali-

frei gewaschenes und scharf abgepreßtes, aber noch feuchtes Bleihydroxyd zugegeben und das gleichmäßig suspendierte Gemisch 1 bis 2 Stunden lang gerührt. Dann wird filtriert und das Filtrat im Vakuum zur Trockene eingedampft. Der Rückstand, etwa 3 g, ist das ballastfreie Gemisch der Meerzwiebelglucoside.

In der Enzymchemie werden zur Vorreinigung und Trennung der verschiedenen Fermente[56]) häufig Aluminiumhydroxydgele benutzt, von denen die Tonerde C_γ das wichtigste ist. Ihre Darstellung geschieht folgendermaßen[57]):

100 ccm 10-prozentiges Ammoniak werden in 600 ccm Wasser von 63°, das 22 g Ammoniumsulfat enthält, eingegossen und rasch auf 58° gebracht. Dazu gibt man unter starkem Rühren mit der Turbine auf einmal 150 ccm einer 58° warmen Lösung von 76,6 g Ammoniakalaun, wobei die Temperatur auf 61° steigt. Nachdem man eine Viertelstunde bei etwa 60° gerührt hat, spült man die Mischung in einen Dekantiertopf über. Für den beschriebenen Ansatz sind jedesmal etwa 5 Liter Wasser zu verwenden; die Bewältigung größerer Ansätze macht keine Schwierigkeiten. Der Niederschlag setzt sich zunächst rasch und klar ab, aber in ziemlich hoher Schicht. Zur Zerlegung basischen Aluminiumsulfats fügt man dem Waschwasser beim vierten Dekantieren einmal 80 ccm 20-prozentiges Ammoniak hinzu. Nach häufigem Auswaschen (zwischen dem 12. und 20. Male) wird die Waschflüssigkeit nicht mehr klar. Von nun ab dekantiert man noch zweimal, wofür mindestens einige Tage erforderlich sind.

Das in Wasser suspendierte Tonerdegel braucht im allgemeinen einige Monate, um vollständig in die γ-Modifikation überzugehen. Man erkennt die erfolgte Umwandlung an dem flockigen, nicht gallertigen Aussehen und an der verminderten Löslichkeit in Säuren und Alkalien.

Unter Umgehung aller alkalisch wirkenden Mittel stellten W. Ziese und K. Pfaff[58]) Aluminiumhydrosole her. Sie behandelten zu diesem Zweck Aluminiumsalze in wäßriger Lösung mit Alkylenoxyden und entfernten anschließend alle organische Substanz durch Extraktion mit Äther:

Beispielsweise werden 5 Volumteile einer 12,5-prozentigen Lösung von kristallisiertem Aluminiumchlorid mit 45 Teilen Wasser verdünnt. Diese Lösung wird mit 50 Teilen einer 30-prozentigen wäßrigen Äthylenoxydlösung versetzt und während 4 Stunden stehen gelassen. Man äthert alsdann das überschüssige Äthylenoxyd sowie das gebildete Äthylenchlorhydrin aus und entfernt den im Sol gelöst verbleibenden Äther durch Erwärmen.

Bei der Trennung von Enzymen als amphoteren Stoffen spielt das p_H der Lösung eine entscheidende Rolle. Gewöhnlich wird die Elution lediglich durch p_H-Änderung erreicht. Als Beispiel sei die Trennung von Proteinase und Carboxy-Polypeptidase aus Pankreasextrakt angeführt[59]):

50 ccm Glycerinauszug (87-prozentiges Glycerin) von Trockenpankreas (1 : 10) werden mit dem gleichen Volumen Wasser verdünnt und mit 3 ccm n-Essigsäure-Acetatpuffer ($p_H = 3,8$) auf ein p_H von etwa 4,2 gebracht. Hierauf wird diese Enzymlösung mit 4 ccm Tonerdesuspension C_γ (etwa 100 mg Al_2O_3 enthaltend) versetzt, kurze Zeit geschüttelt und zentrifugiert; die überstehende Restlösung wird noch viermal auf gleiche Weise mit Tonerde versetzt und jeweils zentrifugiert. Die ereptischen Enzyme sind nun abgetrennt, sie können durch Adsorption an Ferrihydroxyd bei $p_H = 4$ weiter aufgeteilt werden. Die Adsorptionsrestlösung der Tonerdeadsorption wird mit n-Natronlauge neutralisiert und auf ihren Proteinasegehalt sowie auf Freiheit von ereptischen Enzymen (Dipeptidase und Aminopolypeptidase) geprüft.

Die neutralisierte Adsorptionsrestlösung ($p_H = 7$) wird dann wie oben elfmal mit je 6 ccm Tonerdesuspension C_γ (je etwa 150 mg Al_2O_3) behandelt. In der verbleibenden Lösung finden sich nun Proteinase und Protaminase frei von Carboxypolypeptidase. Die Adsorpte werden vereinigt und nach dem Waschen mit 40 ccm 20-prozentigem Glycerin mit 50 ccm 0,04 n-Ammoniak, das 20% Glycerin enthält, eluiert. Im Elut ist neben Carboxypolypeptidase und Protaminase noch eine geringe Menge Proteinase vorhanden, die durch eine zweite Adsorption an Tonerde C_γ entfernt werden kann.

Über Gesichtspunkte, die bei der Auswahl optimaler Arbeitsbedingungen zur Enzymadsorption nützlich sind, vgl. H. Kraut und E. Bauer[60]).

In technischem Ausmaß wird die Erzeugung adsorbierender Niederschläge in der Wasserreinigung[61]) (Aluminiumhydroxyd) und bei der Scheidung und Saturation in den Zuckerfabriken (Calciumcarbonat) verwendet.

Verwendung pulverförmiger Adsorptionsmittel

Älter und gebräuchlicher als die Erzeugung adsorbierender Fällungen ist die Verwendung trockener, haltbarer Stoffe zur Adsorption aus Lösungen. In einem empirisch gefundenen Verfahren des fernen Ostens finden wir sie seit uralten Zeiten verwendet: der Darstellung des Chinagrüns[62]).

Zu diesem Zweck wurden in den Wurzelextrakt einer Rhamnuspflanze, die diesen Farbstoff enthält, Baumwolltücher eingelegt. Nach einiger Zeit nahm man sie heraus und laugte sie mit frischem Wasser aus, das sich dabei grün anfärbt und nach dem Eindunsten den Farbstoff hinterläßt.

Es mag noch eine ganze Reihe von ähnlichen Methoden geben, die sich auf eine zufällige Beobachtung gründen und unabhängig voneinander entwickelt haben; so dürfte die Reinigung von Trinkwasser mit Kohle schon im Altertum bekannt gewesen sein. Die Wiederentdeckung dieser Wirkung wird dem russischen Apotheker G. Lowitt (1785) zugeschrieben. Um 1810 kam dann die Tierkohle — Blut- oder Knochenkohle — in Benutzung, und schon um 1820 beginnen systematische Untersuchungen über die Steigerung der Wirksamkeit verschiedener Kohlearten durch Zusätze. Sie haben im Laufe von weiteren hundert Jahren zu einem gewissen Abschluß geführt, den wir für Gasadsorptionskohlen schon auf S. 2 besprochen haben. Wesentlich später begann die Durchforschung anderer Adsorptionsstoffe, von denen die Bleicherden, Aluminiumoxyd und die ionenaustauschenden Mineralien („Permutite") die wichtigsten sind. Neuerdings werden Austauschmineralien und organische Austauschharze künstlich hergestellt[63]).

Adsorptionsstoffe

Kohle. Im Gegensatz zur Gasadsorptionskohle stellen die Kohlesorten, die zur Adsorption aus Lösungen geeignet sind, gewöhnlich äußerst feine, leichte Pulver dar (Litergewicht 30 bis 1000 g). Ihre Herstellung geschieht nach ähnlichen Grundsätzen wie dort, nur unterbleibt eine Formung der Rohmasse, die dort oft üblich ist.

Zwecks Gewinnung von Blutkohle wird zum Beispiel Blut (8 Gewichtsteile) mit Kaliumcarbonat (1 Gewichtsteil) unter Luftabschluß geglüht und das Glühprodukt mit Wasser, verdünnter Säure und schließlich mit heißem Wasser ausgewaschen. 10000 Teile trockener Blutmasse geben 1000 Teile Blutkohle.

In ähnlicher Weise werden aus Holz, aus Torf (Norit), aus der Schlempe von der Vergärung der Zellstoff-Abwässer (Sanasorbon, Sorboid) sogenannte Entfärbungskohlen hergestellt, die überwiegend in der Zuckerindustrie (seit 1794) zur Reinigung des Zucker-Rohsaftes Anwendung finden. Auch pulverförmige Zinkchloridkohlen, zum Beispiel Carboraffin, sind bekannt. Sie lassen sich im Gegensatz zu den anderen Sorten nicht durch Glühen reaktivieren[64].

Entsprechend ihrer Herstellung enthalten die meisten Kohlesorten entweder Kationen (von der Gerüstsubstanz des Ausgangsmaterials oder von basischen Zuschlägen) oder Anionen (aus einer Säurebehandlung) oberflächlich gebunden und sind daher zugleich Austausch-Adsorptionsmittel. Man kann beide Arten von Adsorption an der gleichen Kohle nebeneinander beobachten und

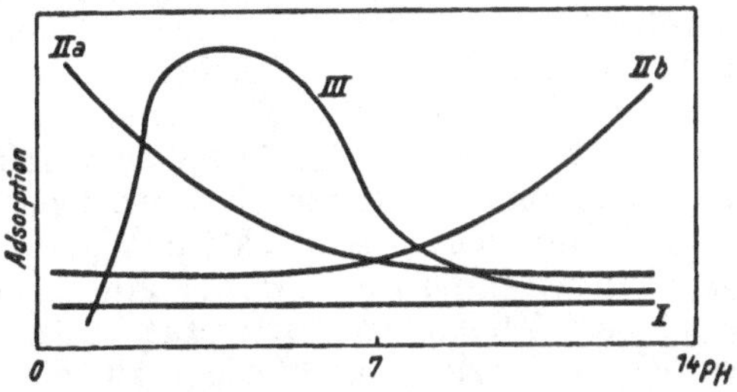

Abb. 8. p_H-Abhängigkeit der Adsorption an einer Kohle, die zugleich Oberflächen- und Austausch-Adsorption zeigt. I Glucose, IIa Anionen, IIb Kationen, III amphotere Stoffe (nach Hauge und Willaman)

messen. So fand M. Dubinin[65], daß eine bestimmte Kohle alle untersuchten starken Elektrolyte nach Isothermen adsorbierte, die untereinander verwandt waren und durch einen einzigen Parameter bestimmt werden können. Andererseits gaben Nichtelektrolyte (Glucose, Blausäure, arsenige Säure) eine Familie analoger Kurven, die sich in ihrem Habitus sehr deutlich von obigen unterschieden. Zu diesem letztgenannten Typ gehörten auch die Adsorptionskurven der meisten organischen Säuren.

Man kann erwarten, daß nur solche Adsorptionsvorgänge von der Wasserstoffionenkonzentration des Mediums abhängen, die auf einem Ionenaustausch beruhen (vgl. S. 33). Dies ist von S. M. Hauge und J. J. Willaman[66] an vielen Beispielen gezeigt worden; die Ergebnisse sind in obenstehendem Diagramm (Abb. 8) zusammengefaßt.

Kurve I wurde an Glucose gemessen und ist charakteristisch für Nichtelektrolyte. Kurve IIa entspricht der Adsorption von Säuren oder negativ geladenen Kolloiden, IIb derjenigen elektropositiver Stoffe und III gibt das Verhalten aller amphoteren Stoffe, zum Beispiel der Eiweißkörper, wieder; das Maximum der Adsorption liegt beim isoelektrischen Punkt[67]).

Die Mitteilung von Herstellungsverfahren erübrigt sich hier, da viele gute Aktivkohlen im Handel sind. Im Laboratorium hat sich die „Carbo medicinalis" von Merck bewährt. Sind Autoxydationen zu befürchten, so nimmt man Zuckerkohle oder setzt zur Vergiftung der katalytisch wirkenden Schwermetalle der Lösung eine Spur Blausäure zu[68]). Man kann auch die adsorbierte Luft durch Erhitzen der Kohle im Stickstoffstrom vorher vertreiben und unter Luftausschluß arbeiten. Eine verhältnismäßig gut filtrierende, sehr aktive Wasserdampfkohle, die sich für chromatographische Zwecke gut eignet, ist die „Aktivkohle I" der Vereinigten Farbwerke A.-G. in Düsseldorf (Schließfach 30). Noch grobteiliger ist die Aktivkohle Nr. IV der gleichen Firma. Auch die Kohlesorten „Carboraffin" (durch Verkohlen von Holz mit Chlorzink gewonnen) und „Norit" (mit Wasserdampf aktivierte Holzkohle) sind zur Chromatographie benutzt worden. Für technische Zwecke genügt mitunter aktivierter Koks. Eine billige Wasserreinigungskohle ist unter dem Namen „Hydraffin" im Handel (Lurgi, Frankfurt a. M.).

Kohle ist das wichtigste Adsorptionsmittel für wäßrige und alkoholische Lösungen, wo sie hauptsächlich zur Entfärbung benutzt wird. Verhältnismäßig selten wird der adsorbierte Stoff isoliert, zum Beispiel bei manchen Zuckern[69]), Glucosiden[70]) und der Pantothensäure[71]). Bei der Reinigung phenolhaltiger Abwässer kann das Phenol zurückgewonnen werden.

Zur chromatographischen Analyse ist Kohle bisher nur selten benutzt worden, vor allem wohl deshalb, weil auf ihr die Zonen nicht zu erkennen sind. G. Mackinney und H. W. Milner[72]) haben Carotinfarbstoffe aus Methylenchloridlösung an Norit A adsorbiert, H. N. Holmes[73]) Vitamin A ebenfalls an Norit und H. Mark und G. Saito[74] haben Acetylcellulose an Tierkohle in Fraktionen verschiedener Kettenlänge zerlegt. Im Gemisch mit Aluminiumoxyd wurde Carboraffin zur Trennung aromatischer Kohlenwasserstoffe verwendet[75]).

Aluminiumoxyd[76])

Feinpulveriges Aluminiumoxyd erhält man bei der Zersetzung mancher Aluminiumsalze durch hohe Temperatur. Schon Gay-Lussac[77]) hat durch Glühen von Ammoniumalaun ein solches Präparat hergestellt. Nach der französischen Patentschrift 657444 sollen sich Aluminiumnitrat und Aluminiumchlorid bereits bei 140 bis 180° unter Bildung von aktiver Tonerde zersetzen.

Solche Präparate stehen den früher besprochenen Gelen an Wirksamkeit weit nach und eignen sich andererseits doch wieder nicht zum Hindurchfiltrieren von Lösungen. Deshalb haben grobteilige Tonerdesorten eine weit größere Bedeutung erlangt. Sie sind das Standardmaterial für die chromatographische Adsorptionsanalyse geworden.

In den meisten Fällen genügt ein Präparat, das man auf folgende Weise erhält:

Technisches Aluminiumhydroxyd (Merck) wird in Portionen von 300 bis 500 g in einer halbkugeligen emaillierten offenen Kasserolle über einem kräftigen Brenner so lange erhitzt, bis beim Umrühren keine Blasfontänen mehr entstehen; die Temperatur soll zwischen 250° und 400° betragen. Man läßt an trockener Luft erkalten und bewahrt in einem dicht verschlossenen Gefäß auf.

Ein Präparat mit ganz ähnlichen Eigenschaften ist das von Merck hergestellte, nach Angaben von H. Brockmann standardisierte Aluminiumoxyd „zur chromatographischen Analyse". Beide gleichen sich insbesondere darin, daß sie in wäßriger Suspension stark basisch reagieren ($p_H = 9{,}4$). Die Alkalität rührt von Natriumaluminat-Zentren her, die sich beim Glühen des natriumcarbonathaltigen Aluminiumhydroxyds gebildet haben; ihre Menge ist bei technischen Hydroxyden größer als bei reinen und nimmt weiterhin zu, wenn das Hydroxyd vor dem Glühen mit verdünnter Sodalösung behandelt worden war. Auch mit Kalkwasser[78]), ja selbst mit hartem Leitungswasser läßt sich Aluminiumoxyd „aktivieren"[79]):

Ein größerer Vorrat von Aluminiumoxyd wird dreimal mit Leitungswasser aufgeschlämmt und dekantiert. Nach Eintrocknen des Restes wird die Masse eine bis zwei Stunden lang mit dem Teklu-Brenner stark erhitzt, wobei man anfangs mit einem Metallspatel rührt, bis das Wasser entfernt ist.

Alkali- oder erdalkalihaltiges Aluminiumoxyd ist ein ausgezeichnetes Austauschadsorbens für Kationen, das gebräuchlichste Adsorptionsmittel in der anorganischen Chromatographie.

Ein Anionen-Austauscher wird erhalten, wenn man ein gutes derartiges Präparat mit überschüssiger verdünnter Salzsäure behandelt und das Wasser durch kurzes Erhitzen entfernt. Man kann auch ätherische Salzsäure anwenden, um sich das Trocknen zu sparen. Ein Gramm Aluminiumoxyd aus technischem Hydroxyd verbraucht im allgemeinen 1 ccm 0,1 n-Salzsäure. In der Literatur werden solche Präparate als „saures Aluminiumoxyd" bezeichnet. Man benutzt sie auch zur chromatographischen Trennung saurer Substanzen aus nichtwäßrigen Lösungsmitteln, wo die Alkalität des Adsorbens durch Salzbildung stören kann, ferner bei allen alkaliempfindlichen Stoffen.

Alkalifreies, gut filtrierendes Aluminiumoxyd erhält man durch Hydrolyse von $AlCl_3 \cdot 6\,H_2O$ mit Ammoniakwasser und Verglühen des ausgewaschenen Niederschlags[80]). Ein derartiges Oxyd ist zur Ionenadsorption unbrauchbar, weil es keine permutierenden Stellen hat, ist aber ein gutes Oberflächenadsorbens.

H. H. Strain[81]) empfiehlt ein amerikanisches Trockenmittel „Hydralo", das noch stärker als Fasertonerde adsorbieren soll.

Aluminiumoxyde mit abgestuftem Adsorptionsvermögen erhält man nach H. Brockmann und H. Schodder[82]) dadurch, daß man ein aus technischem Aluminiumhydroxyd von Merck nach obiger Vorschrift hergestelltes Präparat an feuchter Luft so lange liegen läßt, bis der gewünschte Rückgang des Adsorptionsvermögens erreicht ist. Zur Einstellung der Aktivität dienen bestimmte Azofarbstoffe, deren Adsorption an Aluminiumoxyd stufenweise zunimmt. Diese Testfarbstoffe sind: Azobenzol, p-Methoxy-azobenzol, Sudangelb, Sudanrot, p-Aminoazobenzol, p-Oxy-azobenzol. Je zwei aufeinanderfolgende Glieder dieser Reihe werden zusammen in einer für alle Farbstoffe gleichen Konzentration (je 20 mg in 10 ccm reinstem Benzol und 40 ccm Normalbenzin von Kahlbaum) gelöst, davon 10 ccm auf eine 5 cm hohe und 1,5 cm dicke Schicht des Adsorbens aufgegossen. Dann wird mit 20 ccm des Lösungsmittelgemisches nachgewaschen. Zur Festlegung der Aktivitäten (I bis V) dient folgendes Schema:

Aktivität	I	II		III		IV		V
Testlösung	1	1	2	2	3	3	4	5
obere Zone	Meth-oxy-azo-benzol		Sudan-gelb		Sudan-rot		Amino-azo-benzol	Oxy-azo-benzol
untere Zone	Azo-benzol	Meth-oxy-azo-benzol	Meth-oxy-azo-benzol	Sudan-gelb	Sudan-gelb	Sudan-rot	Sudan-rot	Amino-azo-benzol
Filtrat		Azo-benzol		Meth-oxy-azo-benzol		Sudan-gelb		

Es ist selbstverständlich, daß die so erreichte Standardisierung nur für nichtwäßrige und ganz wasserfreie Lösungsmittel und nur für die echte Adsorption gilt.

Für technische Zwecke, insbesondere zur Reinigung von Mineralölen, benutzt man vorzugsweise den natürlich vorkommenden Bauxit, der zerkleinert, nötigenfalls mit Säuren (Salzsäure, Fluorwasserstoffsäure) gewaschen und bei etwa 400° kalziniert wird.

Es ist ganz unmöglich, hier alle Fälle aufzuführen, in denen Aluminiumoxyd zur Adsorptionsanalyse mit Erfolg verwendet worden ist. Wir wollen deshalb das große Anwendungsgebiet nur mit wenigen Beispielen umreißen.

Mit Aluminiumoxyd als Adsorbens begann der Siegeszug der Tswettschen Analyse bei den Carotinoiden. Eine bequeme Trennung von α- und β-Carotin wurde erreicht[83]), das dritte Isomere γ-Carotin[84]) nebst vielen anderen Farbstoffen neu aufgefunden. Analytische Methoden (S. 117) gaben einen Überblick über die Verbreitung von Provitamin A und der anderen Carotinoide in verschiedenen Nahrungsmitteln und Organen. Die spontane Isomerisierung dieser Stoffe in Lösung wurde entdeckt und eingehend untersucht[85]) und die Vielzahl ihrer oxydativen Abbauprodukte konnte nur auf adsorptionsanalytischem Wege getrennt werden[86]). Farbige Kohlenwasserstoffe der Azulenreihe wurden isoliert und rein dargestellt[87]). Aromatische Kohlenwasserstoffe sind in großer Anzahl getrennt[88]) oder aus dem Teer[89]) oder aus Selendehydrierungen isoliert worden[90]). Die isomeren Nitrophenole und Nitraniline[91]) ließen sich trennen, ebenso Anthocyane[92]) und die Farbstoffe des „Drachenbluts"[93]). Außer dem Vitamin A wurden auch die Vitamine B_2[94]), D_3[95]) und E[96]) an Aluminiumoxyd gereinigt, ferner Sterine[97]), Herzgifte[98]), Krötengifte[99]) und Hormone dieser Reihe[100]). Von heterocyclischen Verbindungen wurden zum Beispiel Porphyrine und deren Umwandlungsprodukte[101]), Mutterkornalkaloide[102]), Alkaloide der Kartoffel[103]), Knollenblätterpilzgifte[104] und Toxiferin aus Curare[105]) isoliert. Die Co-Enzyme Co-Zymase und Co-Dehydrase konnten getrennt werden[106]).

Austauschadsorptionen an Aluminiumoxyd sind alle Trennungen anorganischer Ionenlösungen (S. 107), die Chromatographie der Teerfarbstoffe[107]), wahrscheinlich auch die Reinigung des Bewegungshormons der Sinnpflanze Mimosa pudica L.[108]) und der synthetischen Sulfosäure, die der Panthotensäure analog gebaut ist[109]).

Aluminiumhydroxyd[110])

Das käufliche Aluminiumhydroxyd ist kein gutes Adsorbens. Wird es jedoch bei Temperaturen zwischen 210 und 240° entwässert, so erhält man ein Präparat, das ungefähr der Zusammensetzung AlOOH entspricht. In seinem Adsorptionsvermögen ähnelt es dem Aluminiumoxyd mittlerer Aktivität.

Sehr wirksam ist die sogenannte Fasertonerde nach H. Wislicenus, die auch käuflich zu haben ist (Merck).

Zur Bereitung dieser Fasertonerde[111]) wird Aluminiumgrieß von 1 mm Korngröße (etwa 100 g) in einem geräumigen Becherglas in 5-prozentige Natronlauge unter Schütteln und Rühren eingetragen und nach wenigen Minuten unter Schwenken die schmutzige Lauge abgegossen, sobald die Wasserstoffbildung lebhaft zu werden beginnt. Nach mehrmaligem Durchschütteln der Metallmasse unter dem kräftigen Strahl der Wasserleitung wird diese Anätzung des Aluminiums wiederholt, indem man dem Waschwasser nochmal etwas Ätznatron zufügt und wieder bei lebhafter Wasserstoffentwicklung abspült. Dem letzten Waschwasser setzt man nun, ohne Rücksicht auf noch anhaftendes Ätznatron, eine geringe Menge konzentrierter Quecksilberchloridlösung zu, schwenkt die Masse mit dem entstehenden grauen Schlamm kurz durch und spült wieder mehrmals kräftig. Dann wäscht man das sehr fest anhaftende Wasser mit Alkohol ab und setzt Äther mit einer der Aluminiummenge entsprechenden Wassermenge nebst etwas Alkohol zu. Der Äther gerät nach und nach ins Sieden und dampft mit dem Alkohol und dem überschüssigen Wasser ab, wobei der poröse, trocken erscheinende Hydroxydanteil aus dem Metallgrieß emporwächst. Das so gebildete Tonerdegel wird dann abgespült, auf der Nutsche gewaschen und getrocknet. Der verbleibende Metallrückstand kann in bereits beschriebener Weise weiter auf Tonerdegel verarbeitet werden.

Durch Ausglühen der gelblichen Masse in flachen Schalen bei mäßiger Rotglut[112]) erhält man ein sehr reines Aluminiumoxyd mit großer Oberfläche.

Ein schuppiges Tonerdegel, das zu Adsorptionszwecken ebenfalls sehr geeignet sein dürfte, erhält man nach W. Biltz und G. A. Lehrer[113] in folgender Weise:

5 g der mit 0,5-prozentiger Sublimatlösung 1 bis 2 Minuten angeätzten Aluminiumspäne werden schnell zwei bis dreimal mit Wasser abgespült und 10 bis 15 Minuten lang mit Quecksilber in einer Pulverflasche, deren Stopfen sich leicht lösen läßt, geschüttelt. Das Amalgam wird in einem Einliterkolben mit 150 bis 200 ccm einer gesättigten, eiskalten Bariumnitratlösung übergossen und der Kolben mit einem Natronkalkrohr verschlossen. In dem Kolben setzt nach wenigen Minuten unter Abscheidung der Schuppen des Hydrats die Reaktion ein. Der schuppige Anteil besteht aus Blättchen, die zum Teil Millimetergröße erreichen und sich von dem gleichfalls gebildeten Hydrat durch Waschen und Schlämmen leicht abtrennen lassen. Nach jedesmal 10 Minuten langer Einwirkung wird die Lösung mitsamt dem Präparat vom Amalgam abgetrennt und durch frische Bariumnitratlösung ersetzt.

Bequemer kann man durch Fällen von Aluminiumsalzlösungen mit Ammoniak oder aus Aluminatlösungen und Säuren, Auswaschen und Altern dieser Präparate zu wirksamen Aluminiumhydroxyden kommen.

Die vorgenannten trockenen Aluminiumhydroxyde haben in erster Linie für die Tswettsche Analyse Interesse. H. Brockmann hat an diesem Adsorptionsmittel das antirachitische Vitamin D aus Leberölen[114]) und den Harzfarbstoff Dracorubin[115]) gereinigt. Für einfache Adsorptionen verwendet man besser die feuchten Gele, deren Herstellung auf S. 36 beschrieben wurde.

Aluminiumsilicate

Aluminiumsilicat empfehlen M. H. Thornton, H. R. Kraybill und J. H. Mitschell jr.[116]) zur Adsorption von Steringlucosiden aus Sojabohnenöl in der Adsorptionssäule.

Zum Zwecke der Reinigung von Mineralölen werden in großem Umfang die sogenannten Bleicherden[117]) gewonnen, natürlich vorkommende Aluminium–Magnesium-Silicate. Die Aufbereitung besteht in vielen Fällen einfach im Erhitzen und nachfolgendem Mahlen; solche Präparate pflegen neutral zu reagieren. Häufig wird aber noch eine Säurebehandlung eingeschaltet, was zu stark sauren Präparaten führt. Beide Sorten haben eine erhebliche Fähigkeit zur echten Adsorption, die aber nur in unpolaren Lösungsmitteln zur Geltung kommt (Ölen, Kohlenwasserstoffen[118]).

Ihre Hauptverwendung im Laboratorium finden die Bleicherden zur Chromatographie wäßriger Lösungen (S. 114). Die Adsorption in diesem Medium geschieht wohl ausschließlich durch Ionenaustausch und ist daher außerordentlich p_H-abhängig. Die neutralen Erden wirken als Basenaustauscher und sind daher zur Adsorption positiver Ionen geeignet, die sauren Sorten nehmen Anionen auf. Dieser Unterschied gilt jedoch nur für ungepufferte Lösungen; gegenüber einer wirksamen Pufferung der Analysenlösung verschwindet der Unterschied in der Vorbehandlung der Bleicherden.

Alle Bleicherden sind empfindlich gegen stark alkalische Lösungen; oberhalb eines p_H von 11 werden sie zersetzt. Für chromatographische Zwecke eignen sich saure Bleicherden im p_H-Bereich 1 bis 10, neutrale nur zwischen $p_H = 7$ und 10, da sie meistens Carbonate enthalten, im sauren Gebiet also Kohlendioxyd abgeben, das die Säule zerstört. Wiederholtes Auskochen mit 3 n-Salzsäure verändert die Eigenschaften der Bleicherde dadurch, daß ein Teil der Spurenelemente (Eisen, Calcium, Magnesium) entfernt wird. Hierdurch läßt sich mitunter die Aktivität abstufen[119]).

Wäßrige Lösungen filtrieren durch Bleicherden gewöhnlich schlecht. Man tut daher gut, in der Chromatographie niedrige Schichten mit großem Querschnitt zu verwenden, zum Beispiel Saugnutschen (W. Koschara).

Erprobte Präparate sind folgende:

Floridin XXF[119]) (H. Bensmann, Bremen), eine ungesäuerte Floridaerde, $p_H = 7{,}1$, sehr fein. Etwas gröber dispers, sandartig, ist Floridin XS. Eine weitere Erde derselben Firma, die zur chromatographischen Trennung von Aminosäuren[120]) Verwendung gefunden hat, ist Filtrol-Neutrol. Saure Bleicherden sind Frankonit KL[121]) (Pfirschinger Mineralwerke, Kitzingen), vom p_H um 2,5, und der stark katalytisch wirkende Japanton (Japanese acid clay)[122]). Hierher zählen auch die Fuller-Erden und „Lloyds Reagens".

Zeolithe und Grünsande, wasserhaltige natürliche Aluminiumsilicate und künstlich erschmolzene ähnliche Massen, dienen in großem Ausmaß als Basenaustauscher in der Wasserreinigung und -enthärtung. Sie sind im allgemeinen nur für annähernd neutrale Lösungen brauchbar. Die bekanntesten Präparate stellen die Permutit-Aktiengesellschaft (Berlin NW 7, Luisenstr. 30) und die amerikanische Permutit Companie, New York, her. Das Präparat „Decalso" letzterer Firma benutzten L. R. Cerecedo und Mitarbeiter[123] zur Anreicherung von Vitamin B_1 aus Hefeauszügen.

Austauschharze

Die Weiterentwicklung der synthetischen Austauschadsorptionsmittel hat, zuerst in England, zur Herstellung ionenaustauschender Kunstharze[124]) geführt. Man erhält sie durch Einführung von Säuregruppen, Sulfosäure-Resten oder Aminogruppen[125]) in die Bausteine eines Kunstharzes; es sind also unlösliche vielwertige Säuren und Basen oder deren Salze. Vor den Permutiten haben sie den Vorteil, daß außer Alkali- und Erdalkali-Ionenaustauschern auch solche für H- und OH-Ionen zur Verfügung stehen. Zur Enthärtung des Wassers kommt als neue Möglichkeit die Neutralisation bzw. Pufferung hinzu. Vor den permutierenden Kohlesorten und Aluminiumoxyden zeichnen sich die Harzaustauscher vor allem durch die viel höhere Kapazität aus. Beiden Gruppen sind sie durch höhere Lebensdauer, bessere Filtriergeschwindigkeit und die große Auswahl an verschiedenen Aktivitäten überlegen. Die Verwendung in der Chromatographie wird bis jetzt durch die dunkle Farbe der meisten Präparate erschwert.

Austauschharze stellt in Deutschland die I. G. Farbenindustrie A.-G. (Farbenfabrik Wolfen, Kreis Bitterfeld) unter dem Namen Wofatit K und P (für Kationen) und Wofatit M (für Anionen) her.

Kieselsäure

Kieselsäure hat in verschiedenen Formen Anwendung gefunden. Einmal benutzt man das schon besprochene Silicagel auch zur Adsorption aus Lösungen; zu diesem Zweck muß es gepulvert und ausgesiebt sein. Zechmeister[126]) empfiehlt die Sorte „Intermediate activated" der Silica-Gel-Corporation, Baltimore. In einigen Fällen hat sich auch Kieselgur bewährt, zum Beispiel zur chromatographischen Trennung von Naphthazarinfarbstoffen[127]) oder von Porphyrinen[128]).

In unpolaren Lösungsmitteln ist Silicagel ein sehr aktives Mittel zu echter Adsorption; Kieselgur ist viel weniger wirksam, dürfte aber besser trennen. Viele Sorten von Kieselgel enthalten oberflächlich gebundenes Alkali, das man durch Behandeln mit Säure und anschließendes Trocknen bei hoher Temperatur entfernen muß[129]), wenn die chromatographische Trennung von sauren Stoffen beabsichtigt ist; andernfalls erhält man fest gebundene Austauschzonen, die nicht wandern und kaum eluiert werden können. Die Verhältnisse liegen hier genau so wie beim Aluminiumoxyd.

Die alkalireichen Sorten von Kieselgel sind in wäßriger Lösung gute Kationenaustauscher, die dem üblichen Aluminiumoxyd kaum nachstehen[130]). Dieselben Präparate, mit überschüssiger Säure behandelt, sind Anionenaustauscher. Alkalifreie Sorten adsorbieren aus wäßriger Lösung so gut wie nicht.

Magnesiumoxyd

Magnesiumoxyd wird wie Aluminiumoxyd durch Entwässern des Hydroxyds in aktiver Form gewonnen. Amerikanische Autoren empfehlen ein Handelspräparat „Micron brand magnesium oxyde Nr. 2641" der California Chemical Corporation, Newark[131]). Zechmeister[132]) gibt an, daß nach den Erfahrungen seines Laboratoriums die allgemein käufliche Ware für die meisten Zwecke genüge.

Die Herstellung von Magnesiumcarbonat mit eingestellter Aktivität beschreiben G. S. Fraps, A. R. Kemmerer und S. M. Greenberg[133]); es wurde zur Trennung von Carotin und Lycopin aus Petrolätherlösung benutzt.

Talk (Talcum), ein saures Magnesiumsilikat, wurde gelegentlich zur chromatographischen Adsorption von Porphyrinen und von Enzymen[134] benutzt. K. Balenović und M. Mladenović aktivieren Talk mit Leitungswasser nach dem Verfahren, das P. Ruggli für Aluminiumoxyd angegeben hat (S. 41); das aktivierte Präparat wird zur Trennung von Harzsäuren verwendet[135]). Ein Nachteil von Talkschichten ist das schlechte Filtriervermögen.

Zinkcarbonat verwandten P. Karrer und Mitarbeiter zur chromatographischen Trennung von synthetischen Naphthochinonderivaten[136].

Calciumverbindungen

Wichtige Adsorptionsmittel für die chromatographische Analyse sind verschiedene Verbindungen des Kalks.

Calciumoxyd und besonders Calciumhydroxyd werden für Carotinoide sehr viel benutzt[137]. Ersteres wird aus dem Handelspräparat durch Pulvern und Sieben (100-Maschen-Sieb) erhalten. Das Hydroxyd stellt L. Zechmeister[138] folgendermaßen her:

Käuflicher Kalk wird durch Besprengen mit Wasser nur so weit gelöscht, bis er gerade zerfällt. Man schickt das Material durch ein 120-maschiges Sieb oder, wenn größere Feinheit erwünscht ist, durch ein 180-maschiges. Aufbewahrung des hygroskopischen Produkts unter Luftabschluß. Vor der Entnahme wird die Stöpselflasche gut durchgeschüttelt, um den erhöhten Carbonat- und Feuchtigkeitsgehalt der obenliegenden Schicht gleichmäßig zu verteilen.

Beide Stoffe sind für wäßrige Lösungen natürlich nicht brauchbar.

Calciumcarbonat, das schon Tswett oft gebraucht hat, ist etwas weniger aktiv als obige Stoffe, aber vielseitiger verwendbar, da es neutral und in Wasser nicht löslich ist. Man benutzt es in gefällter Form, zum Beispiel Calcium carbonicum praecipitatum (Merck) oder Calcium carbonicum laevissimum. Letzteres ist nach L. Zechmeister wirksamer; durch Zusammenmischen beider Sorten kann man die Aktivität sehr fein abstimmen[139]. Auch durch Trocknen bei 150° werden die meisten Präparate aktiver.

Calciumcarbonat wird hauptsächlich zur Adsorptionsanalyse von Carotinoiden benutzt[140]. Selbst schwache organische Säuren wie das Heteroauxin[141] (β-Indolylessigsäure) lassen sich daran reversibel adsorbieren.

Calciumsulfat. Wasserhaltiger Gips wurde von P. Karrer und H. M. Weber[142] zur adsorptionsanalytischen Trennung von Anthocyanen benutzt. F. Hoffmann-La Roche[143] adsorbieren Vitamin K aus Petrolätherlösung an Gips, dessen Vorbehandlung nicht angegeben ist. Die Filtrationsgeschwindigkeit durch Gipsschichten ist im allgemeinen gering.

Auf Vorschlag von cand. chem. Klaus J. Metzel fanden wir, daß natürlicher Fasergips, in der Hitze teilweise entwässert und gesiebt, ausgezeichnet filtrierende Adsorptionssäulen gibt. Hieran ließ sich die Trennung saurer Harzfarbstoffe[144]) durchführen.

Calciumoxalat verwendet H. Brockmann[145]) zur Analyse von natürlichen Anthrachinonfarbstoffen. Käufliches Calciumoxalat läßt sich durch Behandlung mit Oxalsäure und anschließende Trocknung für manche Zwecke aktivieren.

Oxalate von seltenen Erden hat H. Willstaedt probiert[146]).

Calciumphosphat, besonders frisch gefälltes, fand zur Adsorption von Enzymen Verwendung.

Kohlehydrate, besonders Rohrzucker, Milchzucker, Stärke und Inulin gehören zu den ältesten Adsorptionsmitteln der Chromatographie. Puderzucker ist einer der wenigen Stoffe, die Chlorophyll bei der Adsorption nicht verändern und daher zur Trennung seiner beiden Komponenten benutzt werden konnten[147]). Milchzucker hat zur Isolierung reiner Mutterkornalkaloide gedient[148]). Neuerdings haben Kohlehydrate als optisch aktive Adsorptionsmittel zur chromatographischen Trennung von Racematen besonderes Interesse gewonnen (S. 101).

Man verwendet die gepulverten und gesiebten Handelspräparate nach scharfem Trocknen im Exsikkator. Eine Vorschrift zur Darstellung von Inulin im Laboratorium gibt H. A. Spoehr[149]).

p_H-Messung an Adsorptionsmitteln

Viele Adsorptionsmittel sind, wie wir gesehen haben, amphoter, das heißt, sie können je nach der Vorbehandlung Kationen oder Anionen binden. Im ersteren Falle pflegen sie in wäßriger Suspension basisch, im zweiten sauer zu reagieren. Manche Kohlepräparate, Aluminiumoxyde und Bleicherden gehören hierher. Die p_H-Messung gibt das wichtigste Kriterium für ihr Verhalten in ungepufferten Lösungen. Ausreichende Pufferung vermag sie allerdings „umzustimmen"; in solchem Falle spielt das Anfangs-p_H keine große Rolle mehr.

Die Kenntnis des Säuregrades auf dem Adsorbens ist aber auch dann wichtig, wenn eine reine Oberflächenadsorption beabsichtigt ist, und zwar wegen der vielseitigen katalytischen Wirkungen sowohl der Säuren wie der Basen. Die meisten Veränderungen der adsorbierten Substanz im Adsorpt beruhen hierauf und lassen sich vermeiden, wenn man empfindliche Stoffe nur an annähernd neutralen Adsorptionsmitteln bindet.

Handelt es sich nur darum, unbehandelte „basische" von „sauren" Adsorptionsmitteln zu unterscheiden, so genügt es, die Lösung eines Indikatorfarbstoffes in einem Reagensglas mit einer Probe zu schütteln. Wir nehmen mit G.-M. Schwab und K. Jockers[150]) meistens Thymolblau, dessen zwei Umschlagspunkte (rot $p_H = 2$ bis 3, gelb $p_H = 3$ bis 9, blau $p_H = 9$) eine meistens ausreichende Klassifizierung erlauben. Man beobachtet folgende Adsorptionsfarben des Indikators (oft ist auch die Lösung entsprechend gefärbt):

Rot: stark saures Adsorptionsmittel (Anionenaustauscher);
Gelb: „neutrales" Adsorptionsmittel;
Blau: stark basisches Adsorptionsmittel (Kationenaustauscher).

Genaue p_H-Messungen lassen sich in wäßriger Suspension mit jedem potentiometrischen Gerät, zum Beispiel dem Ionometer nach Kordatzki (Lautenschläger, München), durchführen.

Um reproduzierbare Werte zu erhalten, muß man jedoch eine Reihe von Vorsichtsmaßregeln beachten[151]). Selbstverständlich darf nur destilliertes Wasser benutzt werden; jede salzhaltige Lösung gibt wegen Austauschreaktionen ganz andere Werte, wie für den Fall von Kaliumchloridlösungen ja auch von der Bodenanalyse her bekannt ist. Die meist benutzte Chinhydronelektrode gibt sehr unzuverlässige Ergebnisse. Der Grund ist darin zu sehen, daß die beiden Komponenten des Chinhydrons verschieden stark adsorbiert werden und mithin die Voraussetzung, unter der ein Redox-System zu Aciditätsmessungen verwendet werden kann, nicht mehr erfüllt ist. Der Fehler bleibt am kleinsten, wenn man viel Chinhydron anwendet (50 mg auf 4 g Adsorptionsmittel in 10 ccm Wasser) und möglichst rasch abliest. Die Einstellung ändert sich beim Stehen und kann nach 24 Stunden um mehr als eine p_H-Einheit abweichen. Wasserstoff- und Glaselektrode geben übereinstimmende Werte, die daher wohl als richtig anzusehen sind, sofern man eine Mindestmenge an Adsorptionsmittel zugegeben hatte. Größere Mengen ändern das Ergebnis dann nicht mehr merklich. Folgende Vorschrift gab bei allen untersuchten Stoffen den konstanten Endwert:

5 g des Adsorptionsmittels werden in 100 ccm destilliertem Wasser durch Rühren mit einem mechanischen Rührwerk suspendiert. In die Aufschlämmung taucht eine Kölbchen-Glaselektrode (Schott und Gen., Jena) und der Heber einer Kalomelelektrode. Die Messung erfolgt während des Rührens in der üblichen Weise.

Bei Verwendung der Platin–Wasserstoff-Elektrode ist 5 Minuten lang durchzurühren, zur Messung aber das Rührwerk abzustellen, da in der bewegten Flüssigkeit die Bespülung des Platins mit Wasserstoff nicht sicher ausführbar ist.

Zur Theorie dieser Messung ist folgendes zu bemerken: Die Tatsache, daß kleinere Mengen des schwer löslichen Stoffes (weniger als 2 g in obigem Ansatz) abweichende Resultate geben, obwohl doch die Lösung bestimmt damit gesättigt ist, läßt erkennen, daß keinesfalls die spurenweise in Lösung gegangene Substanz das p_H bestimmt. Das Adsorbens ist vielmehr als unlösliches Puffersystem zu betrachten, das durch Austauschvorgänge seiner Oberfläche mit den Ionen des Wassers diesem sein p_H aufzwingt.

Bei manchen Adsorptionsmitteln ändert sich der p_H-Wert der Suspension mit jeder neuen Zugabe von Substanz. Solche Präparate enthalten lösliche Extraktivstoffe (meistens Soda oder anhaftende Säure), von denen sie durch Auswaschen befreit werden können.

Die durchschnittlichen p_H-Werte einiger Adsorptionsmittel seien im folgenden zusammengestellt:

Tierkohle (Merck)	7,7
Aluminiumoxyd aus techn. Hydroxyd (S. 41)	9,1
Aluminiumoxyd, stand. nach Brockmann	9,2
Aluminiumoxyd, mit Sodalösung behandelt und erhitzt	10,8
Aluminiumoxyd, „sauer"	3,5 bis 5,5
Aluminiumoxyd, aus Ammoniakfällung	8,6
Calciumcarbonat (Kahlbaum, gefällt)	8,5
Kieselgur	4,2
Floridin XXF	7,1
Frankonit KL	3,2
Permutit „Decalso"	8,0
Talk	8,0

Wiederverwendung gebrauchter Adsorptionsmittel

Von der Wiederbenutzung gebrauchter Adsorptionsmittel im Laboratorium ist dringend abzuraten, da mancherlei Schwierigkeiten auftreten können. Bei technischer Anwendung ist sie aber kaum zu vermeiden und wird meistens durchgeführt. Dabei sind folgende Grundsätze zu beachten:

Beladene Oberflächenadsorptionsmittel sind durch Auswaschen mit einem passenden Lösungsmittel (siehe unter Elution, S. 94) von dem aufgenommenen Stoff zu befreien; das Adsorbens ist dann jedoch mit diesem Lösungsmittel beladen, das gewöhnlich stärker als der interessierende Stoff aufgenommen wird und ihm daher nicht weicht. In diesem Zustand adsorbiert es ihn überhaupt nicht mehr. Es ist daher nötig, anschließend durch Erhitzen (Glühen) die Adsorptionsfähigkeit wiederherzustellen. Dieses Erhitzen kann bei aktivierten Adsorptionsmitteln mit einer Wiederholung des Aktivierungsverfahrens, etwa einer Wasserdampfbehandlung bei Kohle, verbunden werden. Im einzelnen muß auf die Spezialliteratur verwiesen werden[152]).

Austauschadsorptionsmittel sind sehr viel leichter regenerierbar als echt adsorbierende Stoffe. Die meisten Kationenaustauscher enthalten ursprünglich Natrium; um sie wieder brauchbar zu machen, genügt meist die Behandlung mit einer starken Kochsalzlösung, die das „adsorbierte" Ion durch Massenwirkung fast vollständig gegen Natriumion zurücktauscht. Schwer entfernbare Ionen, zum Beispiel Eisen, entfernt man leichter, wenn man den Austauscher mit Säure behandelt und nachher durch Natronlauge regeneriert. Natürlich muß man sich vergewissern, ob das Adsorbens eine solche Behandlung verträgt. Umgekehrt lassen sich Anionenaustauscher mit überschüssigen Nitraten oder Chloriden regenerieren oder erst mit Lauge sauber waschen und dann durch Säure wiederherstellen.

Austauscher, die in einem Filtrationsverfahren Verwendung gefunden haben, werden am besten an Ort und Stelle regeneriert; hierzu läßt man die regenerierende Lösung durch die verbrauchte Schicht hindurchfiltrieren und spült mit Wasser den Überschuß fort.

Methodik

1. Einrührverfahren

Die allgemeinste Anwendung im Laboratorium haben die Adsorptionsmittel zum Klären und Entfärben von Lösungen gefunden, besonders von solchen, die zur Kristallisation gebracht werden sollen. Gerade die leicht adsorbierbaren Verunreinigungen werden auch an den Kristallkeimen stark festgehalten, blockieren dadurch die Oberfläche und verhindern das weitere Wachstum. Die Kristallisationsfähigkeit wird deshalb durch ihre Entfernung oft außerordentlich erhöht. Hierzu dient das bekannte „Kochen mit Tierkohle".

Man setzt der heißen Lösung, die vorher von ungelöst gebliebenen Anteilen filtriert sein muß, nach leichtem Abkühlen (Kohle löst Siedeverzüge oft sehr heftig aus!) eine kleine Menge feinpulvriger Kohle zu, kocht dann eine Minute lang auf und filtriert anschließend durch ein dichtes Filter, das mit dem Lösungsmittel befeuchtet war. Schließlich wäscht man mit wenig heißem Lösungsmittel nach.

Bei der Wahl der Kohlesorte muß man darauf achten, daß sie durch das Lösungsmittel nicht peptisiert wird. Pflanzliche Aktivkohle ist bei allen oxydablen Substanzen der Tierkohle vorzuziehen, da sie weniger stark oxydierend wirkt; sie soll mit Säuren behandelt („sauer") sein, weil sie sonst an saure Substanzen auf dem Austauschwege Alkali abgibt, das sich bei der Analyse als „Asche" zeigt. Die erforderliche Menge ist sehr verschieden; sie richtet sich nach der Kohlesorte, dem Lösungsmittel (vgl. S. 30), den Verunreinigungen und der Substanz, die gewonnen werden soll. Man muß stets bedenken, daß auch die erwünschte Substanz adsorbiert wird; daher soll man möglichst wenig Kohle nehmen. Aus dem Grad der Entfärbung allein läßt sich die Wirkung nicht beurteilen, denn die störenden Stoffe sind nicht notwendig farbig.

Bei wärmeempfindlichen Stoffen, deren Lösung nicht gekocht werden darf, muß man durch Rühren oder Schütteln für ausreichende Verteilung der Kohle in der Lösung sorgen und die Einwirkungszeit erhöhen.

Nicht nur echt gelöste chemische Stoffe, sondern auch Kolloide und sogar Bakterien[153]) werden durch aktive Kohle aus wäßrigen Lösungen entfernt. Diese Erkenntnis hat der Verwendung von Kohle in der Trinkwasserreinigung besonderen Auftrieb gegeben.

Außer Kohle finden noch Kieselgur und Aluminiumoxyd mitunter Verwendung im Laboratorium. Zur technischen Reinigung von Mineralölen und fetten Ölen dienen ganz überwiegend aktivierte Bleicherden.

Wiedergewinnung der adsorbierten Substanz

Mitunter handelt es sich darum, die adsorbierte Substanz aus der Kohle zurückzuerhalten, sei es, daß der interessierende Stoff stärker adsorbiert wird als die meisten Verunreinigungen oder daß seine Regenerierung bei einem technischen Verfahren eine lohnende Nebeneinahme gibt. In beiden Fällen sind Gesichtspunkte maßgebend, die später (S. 94) unter „Elution" zusammengestellt werden.

So wird zum Beispiel zur Anreicherung der herzwirksamen Glucoside aus Adonis vernalis nach dem Schweizer Patent 125 334 folgendermaßen verfahren[154]: Fein geschnittene Herba adonidis vernalis versetzt man bei 15° mit Wasser und verrührt einige Stunden. Nach Kolieren und Auspressen wird klarzentrifugiert, die wäßrige Lösung mit Tierkohle versetzt und noch 2 Stunden gerührt. Nach dem Absitzen kann man das glucosidfreie Wasser leicht abziehen. Man nutscht ab, wäscht mit etwas Wasser und trocknet bei 15°. Durch mehrtägige Extraktion des trockenen Kohleadsorpts mit trockenem heißem Chloroform wird eluiert; nach dem Eindampfen bleibt ein dickes braunes Öl, das mit Äther und Wasser geschüttelt wird, wobei das wirksame Glucosid in das Wasser geht.

2. Mehrstufenverfahren

Das bisher beschriebene Verfahren hat den Nachteil, daß die letzten Spuren der Substanz, die entfernt werden soll, das Adsorptionsmittel schon weitgehend erschöpft vorfinden; man muß deshalb zur vollständigen Reinigung einen großen Überschuß davon anwenden. Damit sinkt aber die Ausnutzung des Adsorbens und gleichzeitig nehmen die Substanzverluste zu. Es ist deshalb vorzuziehen, die gleiche Lösung mehrmals mit kleineren Mengen des Adsorptionsmittels zu behandeln. Im kontinuierlichen Betrieb (Reinigung von Rohrzuckerlösung und ähnlichem) kann für die frischen Lösungen das vorbeladene, noch nicht voll ausgenutzte Adsorbens der folgenden Stufe verwandt werden; so läßt sich die beste Ausnutzung des Adsorptionsmittels mit dem größtmöglichen Reinigungseffekt vereinen.

Dieses „Mehrstufenverfahren" findet zum Beispiel auch in der biochemischen Praxis zur Anreicherung von Wirkstoffen und Fermenten häufige Anwendung. F. Kögl und L. Pons[155] reinigen den Wuchsstoff Biotin, nachdem er durch verschiedene Fällungsverfahren angereichert ist, auf folgende Weise:

Das Filtrat der Sulfidfällung ($2 \cdot 10^9$ Einheiten in 1,1 kg Trockensubstanz) wird mit 100 g Tierkohle (Merck) versetzt und kräftig gerührt. Nach 15 Minuten wird die Kohle abfiltriert, mit wenig Wasser ausgewaschen und hierauf das Filtrat in gleicher Weise neuerdings mit 100 g Kohle behandelt. Der Biotingehalt des zweiten Filtrats wird kontrolliert und im Bedarfsfalle noch eine dritte Adsorption vorgenommen. Zur Elution werden die Kohlefraktionen vereinigt und während 30 Minuten mit 2 Liter Aceton-Ammoniak (1,2 Liter Aceton, 50 ccm 20-prozentiges Ammoniak und 750 ccm Wasser) gerührt. Nach dem Abfiltrieren wird diese Behandlung noch zweimal wiederholt, die drei Elute werden vereinigt und eingedampft. 110 g Trockensubstanz wurden erhalten mit einer Aktivität von $18 \cdot 10^6$ Einheiten pro Gramm, also insgesamt $2{,}0 \cdot 10^9$ Einheiten. Die Anreicherung in dieser Stufe war etwa 10-fach.

3. Filtrierverfahren

Für eine zweckmäßige Arbeitsweise hatten wir im vorhergehenden Abschnitt zwei Forderungen aufgestellt:

1. Die weitgehend vorgereinigte Lösung soll zum Schluß mit frischem Adsorptionsmittel in Berührung gebracht werden, das ihr auch noch die letzten Spuren des aufnehmbaren Stoffes entzieht.
2. Zur besseren Ausnutzung des Adsorptionsmittels sollen frische Lösungen nur mit dem schon benutzten und nahezu erschöpften Adsorbens behandelt werden; die vorgereinigte Lösung erhält dann das Adsorbens aus der folgenden Reinigungsstufe und so fort.

Beide Forderungen werden in idealer Weise erfüllt, wenn man die Lösung durch eine ausreichend hohe Schicht des Adsorptionsmittels hindurchfiltriert. Allerdings ist das Verfahren auf solche Adsorbentien beschränkt, die gleichmäßige, riß- und blasenfreie Schichten mit gutem Filtriervermögen geben.

In der technischen Wasserreinigung verwendet man pulverförmige Aktivkohle, die in die obere Schicht eines Sand-Schnellfilters eingeharkt wird und in dieser Verteilung gut filtriert. Es gelingt damit, Phenole oder Schmieröle aus Abwässern vollständig zu entfernen.

Das geeignetste Adsorptionsmittel für dieses Verfahren ist im Laboratorium das Aluminiumoxyd, das man in eine gläserne Nutsche (Schott und Gen., Jena) oder ein aufrechtstehendes Rohr eingefüllt hat[156]) und durch das man die Lösung hindurchsaugt. Dieses Verfahren ist dem „Kochen mit Tierkohle“ in fast allen Fällen vorzuziehen. Außer den schon besprochenen, prinzipiellen Vorzügen hat es den Vorteil größerer Einfachheit, da ein Arbeitsgang (das Aufkochen) fortfällt. Zweitens geht körniges Aluminiumoxyd lange nicht so leicht durch das Filter wie Kohle, drittens kann man bei allen farbigen Verunreinigungen mit dem Auge erkennen, wie weit das Aluminiumoxyd verbraucht ist, und kann es rechtzeitig erneuern.

Beispielsweise lassen sich so die mehrkernigen aromatischen Kohlenwasserstoffe (Anthracen, Chrysen) aus Petrolätherlösung spielend leicht von allen färbenden Verunreinigungen befreien. In der Reihe der hydroaromatischen Verbindungen, bei Sterinen, Herzgiften und Triterpenen haben wir dies Verfahren täglich mit bestem Erfolg benutzt. Besonders eindrucksvoll ist die Reinigung von Nerolin (β-Naphthol-methyläther), das nach seiner Herstellung aus β-Naphthol stets noch eine kleine Menge der nicht methylierten Verbindung enthält.

Zur Reinigung ist O. Witt[157]) den umständlichen Weg gegangen, das Rohprodukt mit diazotierter Sulfanilsäure zu behandeln. Nur das freie β-Naphthol kuppelt zum Farbstoff und dieser kann als starke Säure abgetrennt werden.

Wir haben gefunden †, daß die Lösung von 30 g rohem Nerolin in absolutem Äther beim Filtrieren durch eine Schicht von 150 g Aluminiumoxyd, das man mit etwas Äther nachwäscht, alles Naphthol verliert. Das auskristallisierte reine Nerolin gibt keine Farbreaktion mit diazotierter Sulfanilsäure mehr.

In wäßriger und alkoholischer Lösung ist die Adsorptionskraft von Aluminiumoxyd meist zu gering; in diesen Fällen nehmen wir Aktivkohle als adsorbierende Schicht. Die Gefahr des Durchlaufens wird behoben, wenn man unter die Kohle etwa einen Zentimeter hoch Aluminiumoxyd einfüllt.

Nitrierte aromatische Kohlenwasserstoffe, die in ganz reinem Zustand bekanntlich farblos sind, lassen sich leicht durch Kohlefiltration ihrer Petrolätherlösung reinigen.

Da sowohl Aluminiumoxyd- als Aktivkohle-Präparate an saure Substanzen auf dem Austauschwege Alkali abgeben können, muß vor der Analyse so gereinigter Stoffe stets noch eine weitere Kristallisation, am besten aus angesäuertem Lösungsmittel, folgen.

Besser verwendet man beide Adsorptionsmittel nur in „saurem" oder absolut reinem Zustand (vgl. S. 42).

Die Austauschadsorption wird praktisch verwertet, wenn man nach G.-M. Schwab und K. Jockers[158]) das gleiche Verfahren zur extremen Reinigung anorganischer Salze anwendet. Selbst die reinsten Präparate des Handels enthalten gewöhnlich noch kleine Mengen von Säure oder Fremdmetallen, besonders Eisen, Blei, Aluminium und Kupfer als Verunreinigungen. Bereits durch einmalige Filtration über „basisches Aluminiumoxyd" können diese Fremdstoffe vollständig gegen Natrium ausgetauscht werden, das entweder nicht stört oder präparativ leicht abgetrennt werden kann. Näheres über die Anwendungsmöglichkeiten dieser Methode folgt aus ihrer Beschreibung auf S. 107 f.

Selbstverständlich hat das Filtrationsverfahren seine großen Vorteile auch dann, wenn es sich nicht nur um die Abscheidung von Verunreinigungen, sondern um die Gewinnung der adsorbierten Substanz selbst handelt. Zu diesem Zweck wurde es sogar von H. Finck[159]) unter dem Namen „Adsorptive Filtration" zum Patent angemeldet. Es eignet sich für alle die Fälle, in denen der gesuchte Stoff stärker adsorbiert wird als die Hauptmasse seiner Begleiter. Von den vielen Anwendungen sei hier nur eine halbtechnische Anreicherung von Vitamin B_1 (Aneurin)

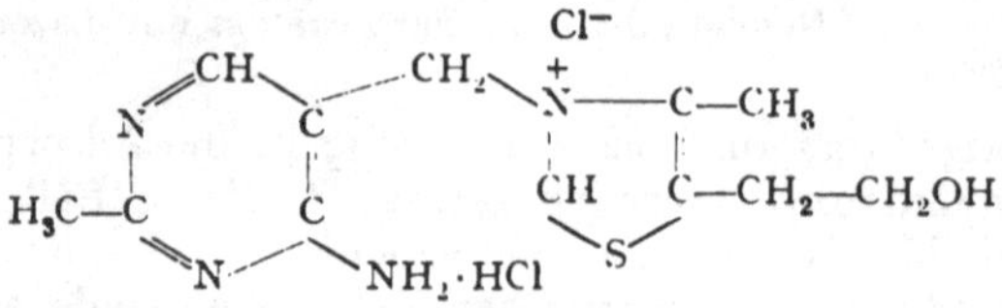

aus Reisschalen beschrieben[160]), die durch die Anwendung von Lösungen bestimmter Acidität (es handelt sich zweifellos um eine Austauschadsorption) methodisch bemerkenswert ist:

Die Anlage besteht aus einem Metallturm von 150 cm Höhe und 28 cm Durchmesser, der innen verbleit ist und einen durchlöcherten Boden hat; dieser ist mit einem Tuch bedeckt. Das Adsorptionsmittel wird etwa 50 cm hoch eingefüllt. Hierzu wurde der künstliche Zeolith „Decalso" verwandt, der vor Gebrauch einigemale mit Wasser und Schwefelsäure bei $p_H = 4$ angerührt worden war. Die Füllung wurde durch Passieren von heißem Wasser auf 75° gebracht. Der vitaminhaltige Extrakt aus 30 kg Reisschalen wurde mit Baryt vorgereinigt und ebenfalls 75° warm bei $p_H = 4{,}5$ aufgegeben, es waren etwa 300 Liter. Er lief mit einer Geschwindigkeit von etwa einem Liter in der Minute hindurch. Auf diesem Wege konnte nahezu der gesamte Aneuringehalt in der Kolonne festgehalten werden. Zur Elution diente eine heiße, molare Ammonnitratlösung (76 Liter, Durchflußgeschwindigkeit 0,5 Liter in der Minute) und Nachwaschen mit 19 Liter heißem Wasser. Das erkaltete Filtrat wurde mit Ammoniak auf $p_H = 7{,}5$ eingestellt und das darin enthaltene Vitamin auf dem Wege über das Silbersalz gereinigt. Die Reinausbeute betrug rund 40 Milligramm.

Die Tswettsche Analyse[161])

(Chromatographische Adsorptionsanalyse)

Sind in einer Lösung mehrere adsorbierbare Substanzen vorhanden, so werden sie bei der Filtration durch eine Schicht Adsorptionsmittel nicht gleichzeitig, sondern nacheinander in der „Säule" festgehalten und bilden übereinander angeordnete Ringe. Bei farbigen Stoffen erscheint die Säule in gefärbte Zonen eingeteilt („chromatographische Analyse"), von denen jede einen Bestandteil des Gemisches enthält (M. Tswett 1906). Das Filtrat ist das reine Lösungsmittel, falls nur echt adsorbierbare Stoffe vorhanden waren; es enthält nach einer Austauschadsorption Bestandteile des Adsorptionsmittels zusammen mit entgegengesetzt geladenen Ionen der Lösung; in fast allen praktischen Fällen sind darin noch erhebliche Mengen nicht adsorbierbarer Stoffe enthalten.

Wenn die Lösung vollständig durchgeflossen ist, wird bei der Tswettschen Analyse noch mit einer mehrfachen Menge des reinen Lösungsmittels nachgewaschen. Dies ist der entscheidende Vorgang. Aus den gleichen Gründen, die für die Gasanalyse auf S. 17 dargelegt wurden, wird hierdurch die Aufteilung des Gemisches und die Abgrenzung der Zonen gegeneinander ungemein verfeinert; bei echter Adsorption rücken sie auch weiter auseinander und lassen unbelegtes Adsorptionsmittel zwischen sich erscheinen. Hierdurch wird die nachfolgende Trennung des Adsorpts in die einzelnen Bezirke, die den verschiedenen Stoffen entsprechen, leichter und genauer durchführbar. Nach mechanischer Zerteilung der Säule zwischen den Zonen kann man durch einen Wechsel des Lösungsmittels die adsorbierten Substanzen von ihrem Träger herunterlösen (eluieren).

Schon Tswett hat betont, daß seine Methode keineswegs auf farbige Stoffe beschränkt ist. Aus diesem Grunde ist der Name „chromatographische Analyse" irreführend; da er auch sprachlich unschön ist, sollte man ihn durch Tswett-Analyse ersetzen. Damit erfüllt man zugleich ein Gebot der Pietät dem genialen Entdecker gegenüber, dem die Anerkennung zu seinen Lebzeiten versagt geblieben ist.

Geschichtliches

Der russische Botaniker Tswett machte seine Entdeckung anläßlich der Untersuchung pflanzlicher Pigmente. Er ließ einen mit Petroläther hergestellten Blattextrakt durch ein senkrecht stehendes, mit Calciumcarbonat gefülltes Rohr filtrieren und erhielt beim Nachwaschen mit dem Lösungsmittel farbige Ringe, die er nach Entfernung der überschüssigen Flüssigkeit mechanisch voneinander trennte. Beim Schütteln der einzelnen Anteile mit Methylalkohol ging der adsorbierte Farbstoff wieder in Lösung. Auf diese Weise konnte Tswett als erster zeigen, daß das Blattgrün aus vier Hauptkomponenten besteht, die wir heute als Chlorophyll a und b, Xanthophyll und Carotin unterscheiden. Er hat die allgemeine Bedeutung seiner Methode in vielen Veröffentlichungen, die zum Teil auch in deutschen Zeitschriften erschienen sind, dargelegt[162]); allerdings hat er sie nur für analytische Zwecke benutzt.

Lange Zeit hindurch blieb das neue Verfahren fast unbeachtet. Hierzu mag der von R. Willstätter geführte Nachweis beigetragen haben, daß bei der Adsorption des Chlorophylls an Calciumcarbonat eine Veränderung dieses Farbstoffs erfolgt. Dies konnte den präparativen Wert der Methode zweifelhaft erscheinen lassen. Später hat gerade Willstätter an der Adsorption von Fermenten gezeigt, daß selbst diese empfindlichsten Stoffe der organischen Chemie an geeigneten Adsorptionsmitteln ohne Schaden gebunden und wieder abgelöst werden können[163]), er ist aber auf die Tswettsche Methode nicht mehr zurückgekommen.

Dies blieb R. Kuhn und seinen Schülern vorbehalten. Genau 25 Jahre nach den ersten Mitteilungen von Tswett gelang R. Kuhn, A. Winterstein und E. Lederer[164]) die präparative Aufteilung des Eidotter-Farbstoffs und die Reindarstellung des Luteins aus Pflanzen, und R. Kuhn und E. Lederer[165]) konnten das seit hundert Jahren für einheitlich gehaltene Carotin in die Komponenten α- und β-Carotin trennen. Zwei Jahre später gelang R. Kuhn und H. Brockmann[166]) die Auffindung einer dritten Carotin-Komponente, des γ-Carotins, dessen Menge im Carotingemisch nur 0,1% ausmacht. Der bald danach gelungene Nachweis, daß die drei isomeren Carotine sich in ihrer wichtigen Funktion als Provitamin A ganz verschieden verhalten, machte auch den praktischen Wert dieser Feintrennung alsbald klar. Um den Ausbau der Methode haben sich nach der Wiederentdeckung besonders A. Winterstein, L. Zechmeister und H. Brockmann verdient gemacht. Aus der Biochemie wurde sie dann bald in die gesamte organische Chemie übernommen, diente bei vielen Abbaureaktionen zum Zerlegen der entstehenden Gemische oder zur Reinigung synthetischer Präparate und hat eine große Anzahl neuer Stoffe kennen gelehrt. Im Jahre 1937 wurde sie von G.-M. Schwab auf die Trennung anorganischer Ionen aus wäßriger Lösung angewandt. Die besonderen Gesetze der Austauschadsorption im chromatographischen Verfahren wurden dabei erkannt und ein analytisches Verfahren entwickelt, das mit einfachsten Mitteln mitunter spektroskopische Empfindlichkeit erreicht.

Anwendungsbereich

Präparative Trennungen bilden heute das wichtigste Aufgabengebiet der Tswett-Analyse. Man sagt nicht zuviel, wenn man sie hierfür den klassischen Methoden der Destillation und Kristallisation gleichberechtigt zur Seite stellt. Als Adsorptionsverfahren ist sie freilich auf sehr leichte oder ganz unpolare (und unpolarisierbare) Molekeln der organischen Chemie nicht anwendbar, da in diesem Falle die Adsorbierbarkeit zu gering und die Konkurrenz des Lösungsmittels zu groß ist. Gerade diese Stoffe können aber leicht destilliert werden, also ergänzen sich die beiden Reinigungsmethoden vortrefflich. Ein besonderer Vorzug der

Adsorptionsanalyse ist die schonende Behandlung der Substanz, denn sie verzichtet auf jede Temperaturerhöhung und kann leicht unter Luftabschluß ausgeführt werden. Ferner ist sie mit einer sehr geringen Substanzmenge verlustfrei durchzuführen und erleichtert die Beobachtung noch dadurch, daß die Substanz als ganz dünne Schicht auf viel Adsorptionsmittel oberflächlich ausgebreitet wird. Dies ist auf der anderen Seite eine Schwäche der Methode, wenn es sich um die Bewältigung größerer Mengen handelt. Der Bedarf an Adsorptionsmitteln kann dann sehr groß werden, denn er liegt zwischen dem zehnfachen und zehntausendfachen der Substanzmenge, die adsorbiert werden soll. Auch der Verbrauch an Lösungsmittel und Waschflüssigkeit ist dann hoch und schließt die technische Anwendung wegen der Kostenfrage aus.

Die Verhältnisse liegen günstiger, wenn der gesuchte Stoff viel stärker adsorbiert wird als alle seine Begleiter. Dieser Grenzfall ist auf S. 58 als adsorptive Filtration schon besprochen worden. Auch der umgekehrte Fall, daß man sich nur für das Filtrat interessiert und das Adsorpt verwirft, ist uns schon bekannt; es ist die Reinigung von Lösungen durch Filtration über ein Adsorptionsmittel (S. 56). In diesen beiden Fällen extremer Unterschiede im Adsorptionsverhalten ist die feine Selektivität der Tswettschen Analyse, die ihr durch das Waschen („Entwickeln“) gegeben wird, gar nicht erforderlich. Ihr eigentliches Gebiet sind vielmehr die Gemische chemisch ähnlicher Stoffe, wie sie bei Synthesen und Abbauverfahren entstehen und gewöhnlich auch in Naturprodukten vorliegen; dazu kommen andersartige Stoffe mit ähnlichen Löslichkeiten, die sich im Gange der Reinigung den gesuchten Stoffen zugesellen und diese am Auskristallisieren verhindern. Sogar die Spaltung von Razematen und die Reindarstellung der optischen Antipoden ist an optisch aktiven Adsorptionsmitteln prinzipiell möglich.

Außer diesen präparativen Aufgaben dient die Adsorptionsanalyse diagnostischen Zwecken. Es kann sich zum Beispiel um die Prüfung einer Substanz auf Einheitlichkeit handeln. Dann muß man verlangen, daß beim Adsorbieren und Waschen nur eine einzige Zone auftritt. Die Identität zweier Stoffe kann man prüfen, indem man sie zusammenmischt, gemeinsam auflöst und die Lösung chromatographiert. Zeigt das „Mischchromatogramm" nur eine Zone, dann sind die Stoffe mit großer Wahrscheinlichkeit identisch. Zu dieser Probe genügt eine Substanzmenge von ungefähr einem Milligramm; man braucht also nicht mehr als zu einem Mischschmelzpunkt.

Ferner kann die Adsorptionsanalyse zur Kennzeichnung von Nahrungsmitteln, Genußmitteln und Drogen dienen, da diesen Präparaten oder den Extrakten daraus ein ganz bestimmtes, charakteristisches Chromatogramm zukommt. Beispielsweise haben W. Graßmann[167]) sowie W. Graßmann und O. Lang[168]) Gerbstoffe verschiedener Herkunft auf diese Weise unterschieden. H. A. Boekenoogen[169]) hat pflanzliche Öle durch ihr Säulenbild charakterisiert. Verfälschungen und künstliche Färbungen werden oft auf diese Weise erkannt[170]). Auch bei Gehaltsbestimmungen kann die Tswettsche Methode von Nutzen sein[171]). A. Hock hat verschiedene Humusböden durch das Fluoreszenzbild gekennzeichnet, das ihre Auszüge im Chromatogramm unter der Analysen-Quarzlampe geben[172]).

In diesen Anwendungen bedeutet die Adsorptionsanalyse eine Erweiterung und Verfeinerung der Kapillaranalyse von F. Goppelsroeder[173]). Bei dieser werden bekanntlich Streifen von Filtrierpapier in eine Lösung eingehängt; die aufsteigende Flüssigkeit scheidet ihre Inhaltsstoffe teils früher, teils später aus und hierdurch entsteht auf dem Papier ein Zonenbild, das sehr charakteristisch sein kann. Freilich ist die fraktionierte Ausscheidung in diesem Fall nicht nur der Adsorption zu danken, sondern zum guten Teil der Verdunstung des Lösungsmittels; auch fehlt der klassischen Methode die unerhört feine Differenzierung, die erst das Nachwaschen mit dem reinen Lösungsmittel bringen kann. Beide Nachteile lassen sich nach dem Vorschlag von G.-M. Schwab und K. Jockers[174]) vermeiden, wenn man die Papierstreifen zur Einschränkung der Verdunstung mit einem Glasrohr umgibt und Lösungsmittel nachsaugen läßt. Trotzdem bleibt die Tswettsche Methode überlegen, da sie nicht auf papierartige Adsorptionsmittel beschränkt ist. Außerdem kann sie jederzeit zur Reindarstellung einzelner Komponenten herangezogen werden; das ist bei der Kapillaranalyse nicht möglich.

Alle bisher besprochenen Anwendungen hatten zum Ziel, irgendwelche Bestandteile aus einer Lösung unverändert abzutrennen. Mitunter hat man die Tswettsche Methode aber auch erfolgreich zur präparativen Zerlegung von Molekülverbindungen benutzt. Eine ganze Reihe von Stoffen wird ja über solche Verbindungen isoliert; es sei an die Pikrate und Styphnate ungesättigter Kohlenwasserstoffe, die Choleinsäuren, die Digitoninaddukte und die Fällungen von Aminosäuren und Alkaloiden erinnert. Stets ist dann die Zerlegung des gereinigten Adduktes notwendig. Sie läßt sich in bequemster Weise adsorptionsanalytisch durchführen, wenn man seine Lösung durch die Adsorptionssäule filtriert. Bei salzartigen Verbindungen wird man besser ein Austauschadsorbens benutzen; so läßt sich zum Beispiel das Pikrat eines Alkaloids an einer mit Salzsäure behandelten „sauren" Säule in ein Chlorhydrat, an einer „basischen" Säule in das freie Alkaloid verwandeln. Hierher gehört schließlich noch die reversible Spaltung des „Gelben Ferments" in Trägereiweiß und Wirkgruppe[175]).

Verhältnismäßig selten sind die Fälle, in denen die adsorbierte Substanz irreversible Veränderungen erleidet; sie müssen für die präparative Bearbeitung ausscheiden. Das älteste Beispiel dieser Art ist die Zerstörung von Chlorophyll an Talk oder Calciumcarbonat; an Puderzucker kann es aber, wie A. Winterstein u. G. Stein fanden[176]), ohne Veränderung adsorbiert werden. Carotin wird an Fullererde zerstört[177]), dagegen an Calciumcarbonat oder Calciumhydroxyd ohne Schädigung gebunden. Die vermeintliche Isomerisierung der Carotinoide an Aluminiumoxyd[178]) hat sich als ein reversibler Vorgang herausgestellt, der zudem nicht durch die Adsorption verschuldet ist, sondern spontan in der Lösung eintritt[179]). Reversibel sind auch die unter Farbbildung verlaufenden Polarisationen, die E. Weitz[180]) bei der Adsorption vieler zur Halochromie befähigter Stoffe beobachtet hat. In bisher unbekannter Weise wird ein Alkaloid aus dem Calebassen-Curare[181]) an Aluminiumoxyd isomerisiert. Manche Schmetterlingsfarbstoffe werden nach Cl. Schöpf und E. Becker[182]) an Aluminiumoxyd zerstört, können aber an Bleicherden unverändert adsorbiert werden. Umgekehrt wird das Linalool gerade an Floridin isomerisiert[183]). Diacetyl-Toxicarol wurde an Aluminiumoxyd zu Toxicarol verseift[184]). Weitere Veränderungen von Lipoiden, die auf Verseifung, Autoxydation oder Isomerisierung zurückgehen, berichtet W. Trappe[185]). Systematisch wurde die Einwirkung von 7 verschiedenen Adsorptionsmitteln auf das luftempfindliche Vitamin A durch H. N. Holmes und R. E. Corbet[186]) untersucht; sie fanden in mehreren Fällen, besonders bei einem mit Eisenoxyd verunreinigten Silicagel, teilweise Zersetzung, die sie auf die katalytische Einwirkung des Adsorptionsmittels schieben.

Außer der gelösten Substanz kann auch das Lösungsmittel in der Adsorptionssäule verändert werden. Beispielsweise fanden G. Hesse, F. Reicheneder und H. Eysenbach[187]), daß Aceton an „basischem" Aluminiumoxyd zum Diacetonalkohol

$$\begin{matrix} CH_3 \\ CH_3 \end{matrix}\!\!>\!C(OH)\text{—}CH_2\text{—}CO\text{—}CH_3$$

kondensiert wird.

Überblickt man die vorstehende Aufzählung, die einigermaßen vollständig sein dürfte, so fällt zunächst auf, daß sich in den meisten Fällen an Stelle eines schädigenden Adsorptionsmittels ein anderes finden läßt, an dem man die präparative Trennung durchführen kann. Soweit die Art der Veränderungen bekannt ist, gehen sie fast immer auf zwei Ursachen zurück: auf zu saure oder zu alkalische Reaktion in der Säule oder auf katalytische Autoxydation. Der ersten Störung begegnet man durch Auswahl einer geeigneten Zubereitung des Adsorptionsmittels (siehe dort). Zur Vermeidung der zweiten achte man auf die Abwesenheit von Schwermetallspuren, besonders bei Kohle, Silicagel und Aluminiumoxyd; man kann diese auch, nach einem Vorschlag von A. Tiselius[188]), dadurch weitgehend unschädlich machen, daß man der Lösung eine Spur Blausäure zusetzt. Schließlich kann man mit sorgfältig entgastem Adsorbens unter Luftabschluß arbeiten. Stets ist zu beachten, daß viele Stoffe im Adsorpt lichtempfindlicher oder autoxydabler sind als in reiner Form oder in Lösung; deshalb soll man die Elution nicht unnötig hinauszögern.

Konstitutionseinflüsse bei echter Adsorption

Es liegt eine ganze Reihe von Untersuchungen vor, die zur Beurteilung des Einflusses der chemischen Konstitution auf die Reihenfolge verschiedener homöopolarer Stoffe in der Adsorptionssäule geeignet sind[189]). Nur die wichtigsten sollen hier zusammengestellt werden.

Die älteste Arbeit von A. Winterstein und K. Schön[190]) zeigt an der Reihe der Diphenylpolyene, die sich leicht adsorptionsanalytisch trennen lassen,

stärkste Adsorption

C_6H_5—CH=CH—CH=CH—CH=CH—CH=CH—C_6H_5
Diphenyl-okta-tetraen

C_6H_5—CH=CH—CH=CH—CH=CH—C_6H_5
Diphenyl-hexa-trien

C_6H_5—CH=CH—CH=CH—C_6H_5
Diphenyl-buta-dien

C_6H_5—CH=CH—C_6H_5
Stilben

C_6H_5—C_6H_5
Diphenyl

↓ schwächste Adsorption

den bedeutenden Einfluß, den der Mehrgehalt einer einzigen Doppelbindung auf die Adsorbierbarkeit ausübt; dasselbe konnte an einigen Farbstoffen der Indoleninreihe gezeigt werden. In beiden Beispielen ändert sich außer der Anzahl der Doppelbindungen auch das Molekulargewicht der verglichenen Stoffe; daß es ebenfalls von Bedeutung ist, erkennt man an der Trennbarkeit verschiedener Halogenderivate des Fluoresceins[191]):

			Mol.-Gew.	Farbe
stärkste	Rose bengale	(4 J, 2 Cl)	905	blaurot
Adsorption	Erythrosin	(4 J)	836	blaustichig rot
↓	Eosin	(4 Br)	648	rot
schwächste Adsorption	Fluorescein	(halogenfrei)	332	gelb

Besonders aufschlußreich ist die von A. Winterstein vergleichend untersuchte Klasse der Carotinfarbstoffe, aus der wir nur die wichtigsten Glieder im folgenden anführen:

			Chem. Natur	Anzahl der Doppelbindungen	Davon konjugiert	Adsorbens
Stärkste Adsorption	Fucoxanthin	$C_{40}H_{56}O_6$	Alkohole			Calciumcarbonat
	Violaxanthin	$C_{40}H_{56}O_4$	Alkohole			Calciumcarbonat
	Taraxanthin	$C_{40}H_{56}O_4$	Alkohole			Calciumcarbonat
	Flavoxanthin	$C_{40}H_{56}O_3$	Alkohole			Calciumcarbonat
	Zeaxanthin	$C_{40}H_{56}O_2$	Alkohole	11	11	Calciumcarbonat
	Lutein	$C_{40}H_{56}O_2$	Alkohole	11	10	Calciumcarbonat
	Rhodoxanthin	$C_{40}H_{50}O_2$	Keton	12	11	Aluminiumoxyd
	Physalien	$C_{72}H_{116}O_4$	Ester			Aluminiumoxyd
	Helenien	$C_{72}H_{116}O_4$	Ester			Aluminiumoxyd
↓	Lycopin	$C_{40}H_{56}$	Kohlenwasserstoffe	13	11	Aluminiumoxyd
	γ-Carotin	$C_{40}H_{56}$	Kohlenwasserstoffe	12	11	Aluminiumoxyd
Schwächste	β-Carotin	$C_{40}H_{56}$	Kohlenwasserstoffe	11	11	Aluminiumoxyd
Adsorption	α-Carotin	$C_{40}H_{56}$	Kohlenwasserstoffe	11	10	Aluminiumoxyd

Aus der Zusammenstellung entnehmen wir folgende Gesetzmäßigkeiten:

Die vier Kohlenwasserstoffe sind isomer und unterscheiden sich nur durch die Anzahl oder Lage der Doppelbindungen; man findet bestätigt, daß jede weitere Doppelbindung die Haftfestigkeit am Adsorptionsmittel erhöht, besonders stark dann, wenn sie konjugiert zu den vorhandenen steht. Dementsprechend werden auch α,β-ungesättigte Säuren an Tierkohle stärker adsorbiert als die entsprechenden β,γ-ungesättigten[192]).

Dieser Einfluß wird aber weit in den Schatten gestellt durch die Wirkung polarer Gruppen im Molekül. Die Ester als lipoidlösliche Verbindungen mit unpolarem Sauerstoff werden noch kaum stärker festgehalten als die Kohlenwasserstoffe, der Unterschied kann auf das höhere Molekulargewicht zurückgehen. Aber schon das Keton Rhodoxanthin wird fester gebunden als das Lycopin. Die verschiedenen Alkohole zeigen überzeugend den Einfluß der polaren Hydroxylgruppen. Die Adsorption der letztgenannten Verbindungen liegt sogar in einer anderen Größenordnung, und zur präparativen Trennung ist nicht das starkadsorbierende Aluminiumoxyd, sondern das schwache Calciumcarbonat geeignet. Ein ähnlicher Einfluß läßt sich auch für die Carboxylgruppe, die Nitrogruppe, Nitrosogruppe, Aminogruppe und andere nachweisen. Kohlenwasserstoffreste und Halogenatome zeigen ihn jedoch nicht; Tetrachlorkohlenstoff und (alkoholfreies!) Chloroform gehören zu den ganz schwach adsorbierbaren Lösungsmitteln.

Die drei isomeren Nitrophenole und Nitraniline lassen sich an Aluminiumoxyd in der Reihenfolge (oben) para-, meta-, ortho-Verbindung (unten) chromatographisch trennen[193]). Verbindungen mit gleichen funktionellen Gruppen und gleichem Molekulargewicht werden also, worauf R. T. Arnold[194]) aufmerksam macht, um so stärker gebunden, je größer ihr gesamtes Dipolmoment ist. Das gleiche zeigt sich bei cis- und trans-Azobenzol, von denen die cis-Form stärker adsorbiert wird[195]). Sind die Verbindungen nicht isomer, haben sie also eine verschiedene Anzahl von polaren Gruppen, so geben die Einzelmomente den Ausschlag vor dem Gesamtmoment. Trinitrophenol (Pikrinsäure) wird beispielsweise stärker adsorbiert als o-Nitrophenol, obwohl sein Gesamtmoment kleiner ist[194]).

Nächst den permanenten Dipolen einer Molekel oder ihrer funktionellen Gruppen spielen noch diejenigen eine Rolle, die erst unter dem Einfluß des Adsorptionsmittels entstehen und für deren Größe die Polarisierbarkeit maßgebend ist. Der Einfluß der Doppelbindungen und ihrer Konjugation ist wahrscheinlich auf solche Weise zu verstehen.

Die polycyclischen aromatischen Kohlenwasserstoffe zeigen in ihrem Adsorptionsverhalten im wesentlichen das bestätigt, was wir schon wissen: Die höheren Glieder mit mehr Doppelbindungen und dem höheren Molekulargewicht werden im allgemeinen stärker adsorbiert. Daneben findet man aber bei vielen Strukturen, besonders den linear kondensierten Kernen vom Anthracen an, eine auffallende chemische Reaktionsfähigkeit, die sich auch in starker Farbvertiefung und in Erhöhung der Adsorbierbarkeit äußert[196]). Beispielsweise wird Naphthacen (I) stärker festgehalten als das isomere Chrysen (II) und sogar als 1,2-Benzpyren (III), das schwerer ist:

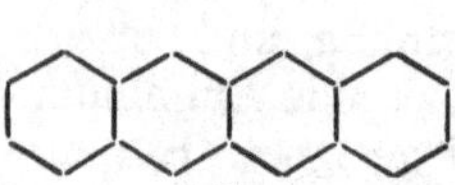
I

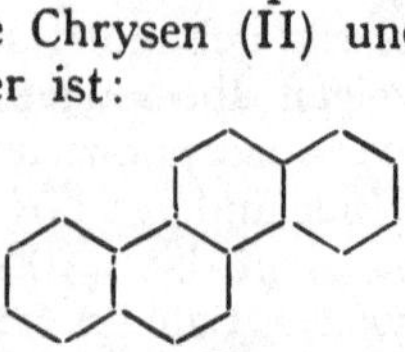
II

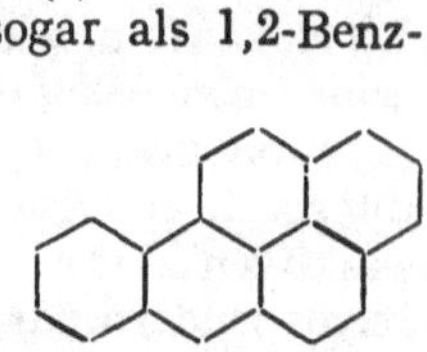
III

Aus solchen Einflüssen erklärt sich wohl die erstaunliche Selektivität, die der Tswett-Analyse ihren besonderen Wert gibt und die durch die gelungene Trennung der beiden isomeren Kohlenwasserstoffe Anti-diperi-benzcoronen (IV) und Anthrodianthren (V) eindrucksvoll gezeigt wird.

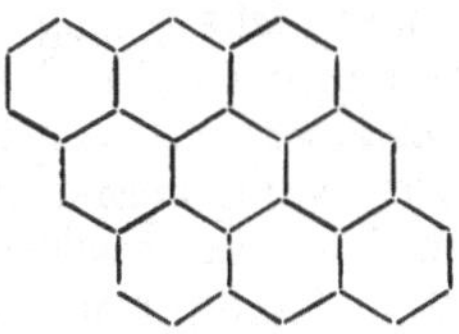

IV

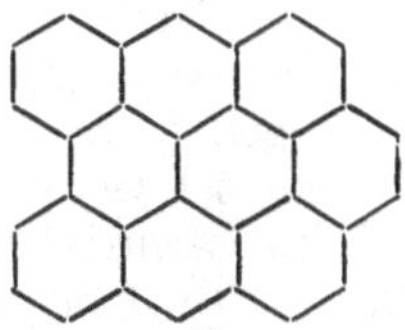

V

Auch die bequeme Isolierung der reinen Nitraniline aus dem Gemisch der Stellungsisomeren oder die Scheidung der isomeren ungesättigten Alkohole Ergosterin und Iso-ergosterin[197]), die Trennung von Boletol (VI) und Isoboletol (VII)[198]),

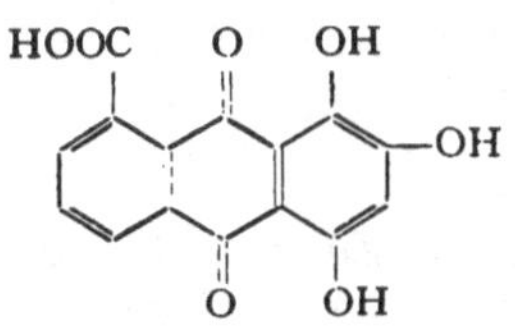

VI

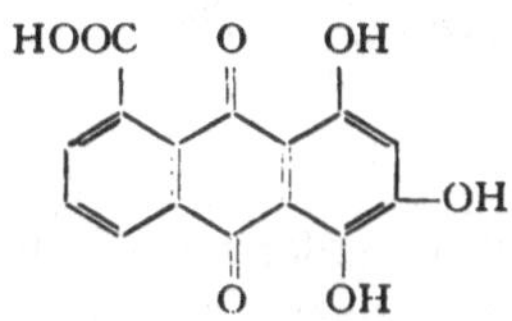

VII

ferner die Reindarstellung der vier Carotinkohlenwasserstoffe aus ihrer natürlichen Mischung in der Frucht von Gonocarium pyriforme[199]) zeigen die außerordentliche Leistungsfähigkeit der Tswettschen Methode.

Dagegen ist die Trennung von Bixindialdehyd und Bixinaldehydsäure bisher nicht gelungen[200]).

O=CH–CH=CH–C=CH–CH=CH–C=CH–CH=CH–CH=C–CH=CH–CH=C–CH=CH–CH=O
(mit vier CH_3-Seitengruppen: CH_3 CH_3 CH_3 CH_3)

Bixin-dialdehyd

O=CH–CH=CH–C=CH–CH=CH–C=CH–CH=CH–CH=C–CH=CH–CH=C–CH=CH–COOH
(CH_3 CH_3 CH_3 CH_3)

Bixin-aldehyd-säure

Carbonyl- und Säuregruppe, der einzige Unterschied zwischen beiden Verbindungen, sind sich in ihrem Beitrag zur Adsorptionsaffinität (an neutralem Adsorbens!) zu ähnlich; erst nach der Umsetzung mit Hydroxylamin, mit dem die Säuregruppe nicht reagiert, entstehen zwei trennbare Verbindungen.

Ein anderes Beispiel, wo eine Reinigung nicht gelang, ist das rohe Picen des Steinkohlenteers. Überhaupt ist die Trennung der mehrkernigen aromatischen Kohlenwasserstoffe voneinander außerordentlich schwierig. Bei Isomeren kann man nur dann darauf rechnen, wenn wie in den Beispielen der vorigen Seite „diyl-Zustände" (E. Clar) existieren, d. h. Grenzformen mit unvollkommener Konjugation der Doppelbindungen. Das einfachste Beispiel ist Anthracen (Ia und b) und Phenanthren (II):

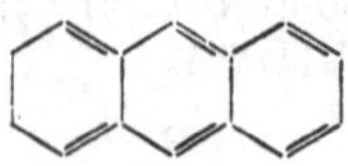

Ia

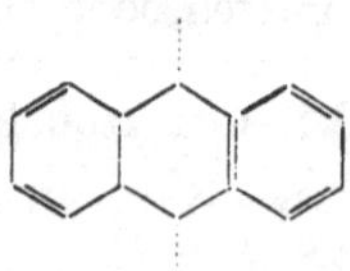

Ib

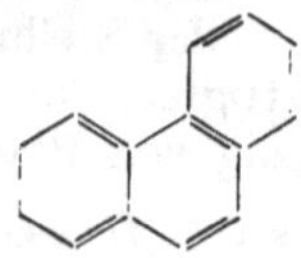

II

Ersteres verdankt dem biradikalartigen Zustand Ib größere Reaktionsfähigkeit und bessere Adsorbierbarkeit. Überraschenderweise macht auch die Trennung der Aromaten von ihren (teilweisen) Hydrierungsprodukten mitunter Schwierigkeiten. Der Grund hierfür ist die Existenz von recht festen Molekülverbindungen (H. Fromherz). Die Adsorptionsanalyse gesättigter Kohlenwasserstofffraktionen aus Lösung ist aussichtslos; sie könnte allenfalls in der Dampfphase gelingen (S. 21).

Das rohe β-Oxy-carotinon fanden R. Kuhn und H. Brockmann[201]) an Aluminiumoxyd chromatographisch vollkommen einheitlich. Die eluierte Substanz gab dennoch an Calciumcarbonat zwei getrennte Zonen, denen zwei verschiedene Substanzen entsprachen. Der Grund für das Ausbleiben der Trennung war im ersten Fall die Wahl eines zu aktiven Adsorptionsmittels, das ein Auseinanderwaschen der beiden Stoffe nicht erlaubte. Bei der chromatographischen Reinigung ist also der Wechsel des

Adsorptionsmittels ebenso angebracht, wie beim Umkristallisieren die Verwendung verschiedener Lösungsmittel nacheinander nützlich und üblich ist.

Adsorptionsregeln

Als praktisches Ergebnis der vorausgegangenen Betrachtungen lassen sich folgende Regeln aufstellen: Ein Stoff wird an hydrophilen Adsorptionsmitteln um so stärker adsorbiert, steht also um so höher in der Säule,

- je mehr polare Gruppen (OH, C=O, COOH, NO_2, NH_2 u. a.) vorhanden sind, oder je leichter polarisierbar er ist;
- je ungesättigter er ist;
- je höher sein Molekulargewicht ist;
- je reaktionsfähiger er ist.

Dies gilt in erster Linie unter chemisch verwandten Stoffen, mit deren Gemischen man es ja meist zu tun haben wird. Gleichsinnig mit der Adsorptionsstärke steigt auch die Zersetzlichkeit an und setzt schließlich den Destillationsverfahren eine Grenze. Die (chromatographische) Adsorptionsanalyse vertritt die fraktionierte Destillation bei Substanzen, die nicht unzersetzt flüchtig sind. Die Grenze kann man für ungesättigte Kohlenwasserstoffe etwa beim Molekulargewicht 250 ziehen; für sauerstoffhaltige Substanzen liegt sie oft noch wesentlich tiefer.

Bei den hydrophoben Adsorptionsmitteln, insbesondere Kohle, dürften ähnliche Gesetzmäßigkeiten bestehen, aber die bisher vorliegenden Versuche reichen zur Aufstellung von Regeln noch nicht aus. Fest steht, daß die Reihenfolge der Adsorption manchmal anders ist als an den bisher besprochenen Stoffen. Beispielsweise wird cis-Azobenzol an Kohle schwächer adsorbiert als die trans-Form[202]), an Aluminiumoxyd hingegen stärker. Ähnliche Unregelmäßigkeiten fand W. Trappe[203]) bei Lipoiden; er spricht sogar von einer direkten Umkehrung der Reihe der Adsorptionsaffinitäten.

Farbtieferegel

L. Zechmeister[204]) macht noch auf eine andere Gesetzmäßigkeit aufmerksam, die zwischen der Adsorptionsaffinität und der

Farbe einer Verbindung besteht. Dieselben Strukturelemente, die erstere erhöhen, pflegen auch als Chromophore oder auxochrome Gruppen die Farbe zu vertiefen. Je langwelliger das Licht ist, das ein Stoff absorbiert, desto höher steht er gewöhnlich in der Säule. Schon die wenigen Beispiele auf S. 66 lassen dies erkennen, und es ist in homologen Reihen eine allgemeine Erscheinung. Selbst unter chemisch nicht vergleichbaren Verbindungen gilt diese Regel noch so häufig, daß man sie in der Praxis als Hilfsmittel anwenden kann. So wird man bei grünen oder blauen Stoffen annehmen dürfen, daß sie verhältnismäßig stark adsorbiert werden (Chlorophyll an Zucker) und ein schwächeres Adsorptionsmilieu verlangen als farblose oder gelbe Stoffe. Das Entfärbungsvermögen von Adsorptionsmitteln ist ein Spezialfall dieser Regel. Ein Naturgesetz ist sie aber natürlich nicht, und es fällt nicht schwer, Ausnahmen anzugeben.

Konstitutionseinflüsse bei Austauschadsorption

Im Gegensatz zur echten Adsorption läßt sich bei Austauschadsorptionen aus der Formel und dem chemischen Verhalten der ionisierten Verbindung kaum eine Voraussage auf die Stellung in der Adsorptionssäule machen. Das Ionengewicht ist nicht mehr maßgebend, wird doch das Proton vor allen anderen Ionen festgehalten; die anderen anorganischen Kationen folgen in bunter Reihenfolge (siehe S. 109). Auch die Löslichkeit der Hydroxyde (als Fällungsprodukte durch Hydrolyse in dem basischen Medium) gibt keineswegs den Ausschlag[205]). Man ist also wohl zur Annahme spezifischer Kräfte zwischen dem Adsorptionsmittel und dem zu adsorbierenden Ion gezwungen.

Bei organischen Ionen hat man immer mit dem gleichzeitigen Auftreten beider Arten von Adsorption zu rechnen. Überwiegende Austauschbindung zeigen die Sulfosäuren, die daher auch an Adsorptionsmitteln mit austauschfähigen Stellen besser gebunden werden als an reinen Oberflächenadsorbern[206]). Die Bindung amphoterer Stoffe, wie der Aminosäuren[207]) und der Eiweißkörper, ist mindestens teilweise eine Austauschadsorption und daher stark p_H-abhängig (siehe S. 33).

Apparaturen

Zur Aufnahme des Adsorptionsmittels dienen in den meisten Fällen Glasröhren, die senkrecht auf eine Saugflasche aufgesetzt werden können. Für präparative Zwecke hat sich eine Länge zwischen 20 und 40 cm bei einem Durchmesser von 2 bis 6 cm bewährt; längere Rohre sind nicht zu empfehlen, da sie schwierig zu entleeren sind und bei feinkörnigen Adsorptionsmitteln zu

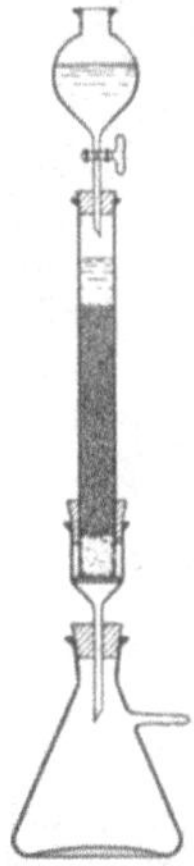

Abb. 9. Anordnung zur Tswett-Analyse, die aus normalen Laboratoriumsgeräten zusammengestellt ist

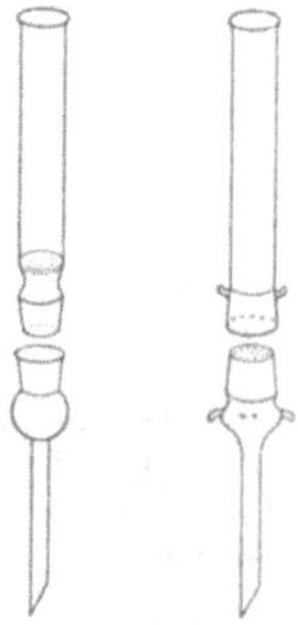

Abb. 10. Zwei spezielle Formen von Adsorptionsrohren

langsam filtrieren. Die Verbindung mit der Saugflasche stellt man am besten durch einen einfachen Gooch-Tiegel-Vorstoß her, in den eine Siebplatte aus Porzellan oder ein Stück feines Drahtnetz eingelegt wird; ein durchbohrter Kork- oder Gummistopfen hält das Rohr fest. Auf die Siebplatte kommt eine Schicht Watte, die etwa einen Zentimeter hoch fest und gleichmäßig eingedrückt wird. Oben auf dem Rohr, mit einem Gummistopfen dicht eingepaßt, sitzt ein kurz abgeschnittener Tropftrichter zum Aufgeben der Lösung (Abb. 9 und Tafel I, Abb. 1). Diese Standard-Anordnung, die man bequem aus überall erhältlichen Laboratoriumsgerätschaften zusammenstellen kann, ist vielfach abgeändert worden. So kann man den Vorstoß mit Siebplatte durch eine Jenaer Sinterglasnutsche ersetzen oder die Siebplatte auf einer Einschnürung am unteren Rohrende ruhen lassen (Abb. 10a). Besonders schön ist die Anordnung von Zechmeister mit eingeschliffenem Siebvorstoß (Abb. 10b). Wichtig ist in allen Fällen,

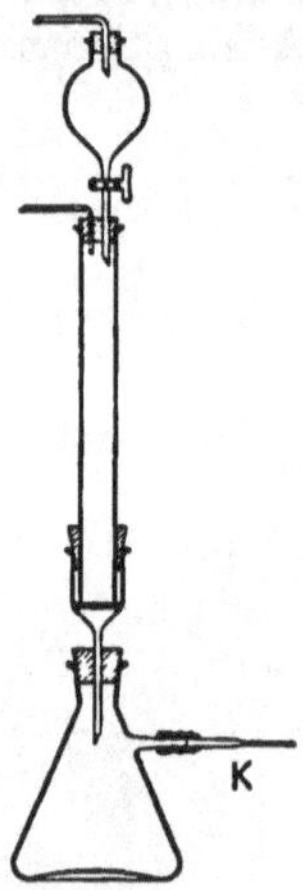

Abb. 11. Anordnung zum Arbeiten unter Luftabschluß

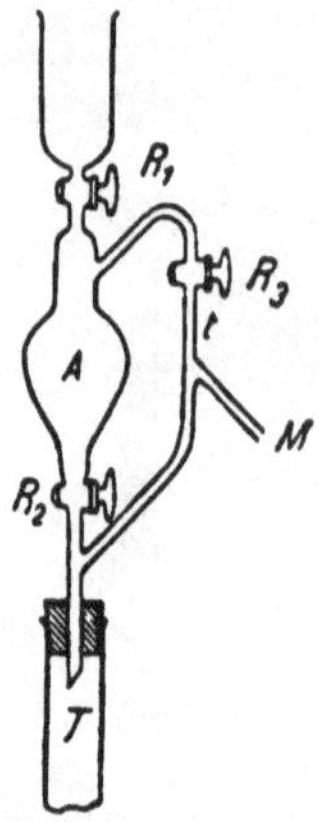

Abb. 12. Aufsatz nach Sannié zum Arbeiten unter Druck

daß der Abschluß der Adsorbensschicht nach unten zu eben ist und daß man die Füllung aus dem Rohr herausschieben kann, ferner, daß die Saugwirkung über den ganzen Rohrquerschnitt gleichmäßig verteilt ist.

Weitere Abänderungen betreffen das Arbeiten unter Luftausschluß, wozu Tropftrichter, Säule und Vorlage mit einem Schutzgas durchspülbar sein müssen; dies kann dann zugleich als Druckgas dienen und erspart die Saugpumpe. Die Anordnung kann nach Abb. 11 getroffen werden. Die Luft aus der Vorlageflasche muß vor dem Befeuchten der Säule von oben her durch das Spülgas verdrängt werden; erst, wenn dies geschehen ist, wird die Capillare K (oder ein Quecksilberventil) an das Ableitungsrohr angesetzt und das Lösungsmittel durch den Tropftrichter auf die trockene Säule aufgegeben; Lösung und Waschflüssigkeiten folgen in der gleichen Weise.

Einen Aufsatz zum Arbeiten mit Überdruck hat Sannié[208]) angegeben (Abb. 12). Er wird auf die fertig gefüllte und befeuchtete Kolonne aufgesetzt, die noch von etwas Lösungsmittel bedeckt ist. Man schließt dann R_2 und R_3, öffnet R_1 und füllt die Lösung in A ein. Jetzt wird R_1 geschlossen, R_3 geöffnet und

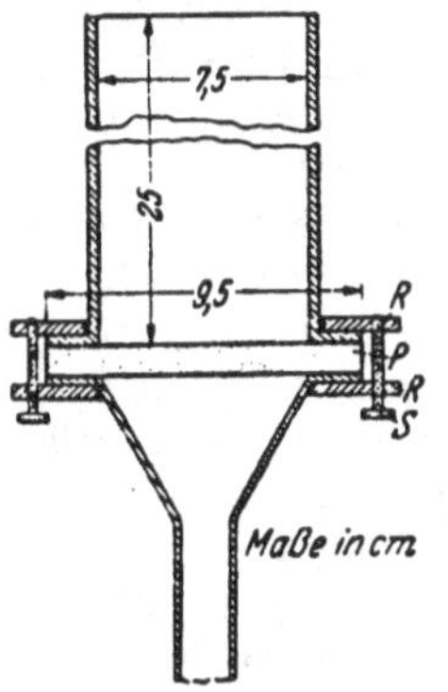

Abb. 13. Apparat nach Winterstein und Schön, kleines Modell

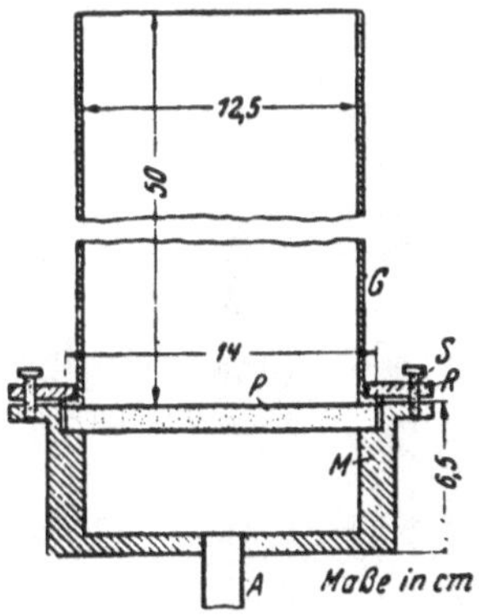

Abb. 14. Apparat nach Winterstein und Schön, größeres Modell

mit R_2 der Eintritt der Flüssigkeit so reguliert, daß ungefähr ebensoviel einfließt, als am unteren Ende des Rohres abläuft. In gleicher Weise läßt sich die Waschflüssigkeit einführen. Der Druckanschluß erfolgt bei M über ein Sicherheitsrohr.

Für große Ansätze mit einem Rohrdurchmesser über 6 cm sind die beschriebenen Anordnungen zu zerbrechlich; hier eignen sich weit besser die von A. Winterstein und K. Schön[209]) beschriebenen Rohre, deren Formgebung und Abmessungen aus den Abb. 13 und 14 hervorgehen und die von der Firma L. Hormuth, Inhaber W. Vetter in Heidelberg zu beziehen sind. Den unteren Abschluß der Säule bildet in diesem Fall eine ebene Platte aus einer porösen keramischen Masse („Porolith“, Filterwerk

Meißen), die mittels Gummidichtung zwischen Rohr und Vorstoß eingesetzt ist. Die Watteschicht unter dem Adsorptionsmittel bleibt fort.

Eine kleine technische Anordnung ist auf S. 58 beschrieben worden.

Besondere Einrichtungen sind ferner für Vorproben und für sehr kleine Ansätze im Gebrauch. Hierfür eignen sich recht gut die gewöhnlichen Tropfröhren, einseitig ausgezogene Glasröhren von 20 bis 30 cm Länge und 0,3 bis 1 cm Durchmesser, wie sie im organischen Laboratorium üblich sind. Sie werden mit einem durchbohrten Stopfen direkt auf eine Saugflasche oder ein Saugrohr aufgesetzt; in die nach unten gerichtete Spitze wird ein Wattepfropf eingedrückt, darauf kommt das Adsorptionsmittel. Zum Aufgießen ist oben ein gerade abgeschnittenes Trichterchen gleichen Rohrdurchmessers mittels eines übergezogenen Stückchens Gummischlauch aufgesetzt. Die einfache Anordnung hat nur den Nachteil, daß der unterste Teil der Säule nicht übersehen werden kann; deshalb ist ein Rohr nach Abb. 15a, das etwa 5 cm über dem unteren Ende eine Verengung hat, vorzuziehen. Durch Einsetzen eines Glasnagels in die enge Stelle erhält man eine gleichmäßigere Saugwirkung und damit besser ausgebildete Zonen, besonders bei den größeren Modellen (Abb. 15b). Zur Aufteilung des Chromatogramms durchschneidet man am besten das Rohr mitsamt der Füllung, nachdem man den Überschuß des Waschmittels abgesaugt hatte. Wird jedoch auf die Gewinnung der adsorbierten Substanz kein besonderer Wert gelegt, so entleert und reinigt man solche Röhrchen am besten hydraulisch. Hierzu zieht man nach dem Abnehmen von

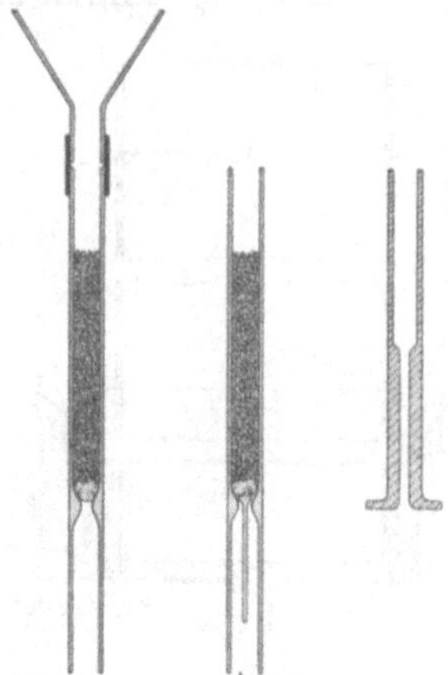

Abb. 15. Adsorptionsröhrchen für kleine Mengen

der Saugflasche den Gummistopfen so weit herunter, daß das Rohrende nicht mehr übersteht, und drückt dann das umgekehrte Rohr an einen Wasserhahn, den Stopfen als Dichtung benutzend. Durch langsames Aufdrehen preßt man die Rohrfüllung heraus und spült das Rohr anschließend sauber.

Ein ausgesprochenes Mikrorohr (Abb. 15c) benutzen G. Becker und Cl. Schöpf[210]). Es besteht aus einer dickwandigen Capillare von etwa einem Millimeter lichter Weite, an die ein Glasrohr angeschmolzen ist, das zum Einfüllen der Lösung dient. Das untere Ende der Capillare ist zur Aufnahme eines Wattepfröpfchens etwas erweitert und geht in eine plangeschliffene Fußplatte über. Zur Benutzung wird das Röhrchen in einer kleinen Jenaer Sinternutsche befestigt und auf ein Saugrohr mit eingelegtem Reagenzglas aufgesetzt.

Bei schwer löslichen Stoffen ist es häufig erwünscht, in der Hitze zu arbeiten. Man benutzt dann als Adsorptionsrohr einen weiten Liebig-Kühler, durch dessen Mantel ein geeigneter Dampf hindurchgeleitet wird oder der mit einem Ultra-Thermostaten (Höppler) verbunden ist. Eine elektrisch beheizte Röhre beschreiben A. W. Ralston, H. J. Harwood und W. O. Pool[211]). Auch der Einbau der Adsorptionssäule in einen Extraktor ist möglich; in diesem Fall wird die ungelöste Substanz oben auf das Adsorptionsmittel geschichtet und durch das zirkulierende Lösungsmittel langsam in die Säule eingespült.

Für Chromatogramme, die im ultravioletten Licht der Analysenlampe beurteilt werden sollen, kann man Rohre aus Uviolglas oder klarem Quarz verwenden, jedoch reicht die Durchlässigkeit von gewöhnlichem Glas für die meisten Fälle aus.

Zu Vorproben verwendet man je nach der zur Verfügung stehenden Menge die Anordnungen des Halbmikro- oder Mikroverfahrens. Sehr bemerkenswert und weiter ausbaufähig ist auch die Verwendung von Adsorptionspapier, die H. Flood[212]) anregt. Dies ist Filtrierpapier in schmalen Streifen, in dem ein Adsorptionsmittel niedergeschlagen ist und das nach Art der Reagenzpapiere Anwendung finden soll. Ein Tonerdepapier wird beispielsweise folgendermaßen hergestellt:

Zu starker Natronlauge wird so lange konzentrierte Aluminiumnitratlösung zugesetzt, als noch keine Fällung von Aluminiumhydroxyd entsteht.

In der klaren, nötigenfalls filtrierten Lösung badet man möglichst große Stücke von dickem, farblosem Löschkarton. Das Papier wird dann vollständig getrocknet und anschließend mit einer gesättigten Natriumbikarbonatlösung behandelt. Es folgt ein gründliches, mehrtägiges Auswaschen mit destilliertem Wasser und Trocknen an freier Luft. Die Aufbewahrung des fertigen Papiers soll in geschlossenen Gefäßen erfolgen, sonst verliert es allmählich sein Saugvermögen.

Dieses Papier ist bisher nur an der Trennung anorganischer Ionen aus wäßriger Lösung erprobt worden.

Zur Anwendung kommen 0,5 bis 1 cm breite und 10 bis 20 cm lange Streifen des Papiers. Man läßt von einem Ende aus zunächst reines Lösungsmittel (ungefähr 1 cm hoch), dann 1 bis 2 cm hoch die zu untersuchende Lösung und schließlich nochmals Lösungsmittel (oder Waschflüssigkeit) aufsaugen, bis die Zonen deutlich erkennbar sind; bei Stoffen, die erst nachträglich durch eine „Entwicklung" sichtbar gemacht werden, „wäscht" man bis zu einer gesamten Steighöhe von 10 bis 15 cm. Zur Einschränkung der Verdunstung spannt man bei leichtflüchtigen Lösungsmitteln das Papier zwischen zwei Glasstreifen ein, die seitlich etwas überstehen. Eine ähnliche Methode hat W. G. Brown[213]) angegeben.

Um eine stärkere Dispersion zu erreichen, kann man auch sehr lange Streifen präparierten Papiers zickzackförmig zusammenlegen und in diesem Block die Lösung aufsteigen lassen. Beim Entfalten des fertigen Chromatogramms rücken die einzelnen Zonen weit auseinander[214]).

Ausführung der Adsorptionsanalyse bei überwiegend echter Adsorption (Organische Chromatographie)

1. Wahl des Adsorptionsmittels

Die Auswahl eines geeigneten Adsorptionsmittels ist entscheidend für den Erfolg jeder chromatographischen Analyse. Werden die Bestandteile des Gemisches zu schwach adsorbiert, so fließen sie ohne Trennung in das Filtrat; ist die Bindung zu fest, dann bleiben sie aufeinander hängen und lassen sich nicht auseinanderwaschen. Man muß daher in jedem einzelnen Fall nach einem geeigneten Adsorbens suchen. Für diese Auswahl gibt die Zusammenstellung der gebräuchlichen Adsorptionsmittel und der damit schon durchgeführten Analysen, die wir angeführt haben (S. 38f.), wertvolle Hinweise. Meist ist innerhalb einer Klasse von verwandten Verbindungen dasselbe Adsorbens geeignet. Wenn noch keine Anhaltspunkte vorliegen, tut besonders der Unerfahrene gut, mit Aluminiumoxyd als dem stärksten und universellsten Adsorptionsmittel zu beginnen; ist die Bindung daran zu fest, so muß er die anderen Stoffe der angegebenen Reihenfolge (S. 31) nach durchprobieren. Über den Einfluß des Lösungsmittels siehe S. 31.

Auch die Menge des Adsorptionsmittels muß ausprobiert werden. Sie soll so groß sein, daß nach dem Aufgießen der Lösung höchstens ein Viertel der gesamten Säule belegt ist. Einen gewissen Anhalt gibt folgende Tabelle; aus ihr geht hervor, wieviel Adsorptionsmittel im praktischen Versuch notwendig war, um 1 g der genannten Substanz darzustellen oder zu reinigen:

Für	1 g Carotin	2000 g Fasertonerde
	1 g Lutein	5000 g Aluminiumoxyd
	1 g Chlorophyll	1000 g Zucker
	1 g Anthracen (Reinigen)	50 g Aluminiumoxyd
	1 g Bufotalin	50 g Aluminiumoxyd
	1 g Cholesterin (Reinigen)	20 g Aluminiumoxyd

Nach der erforderlichen Menge des Adsorptionsmittels richtet sich die Größe der Apparatur. Zur Umrechnung von Gewichtsangaben ist die Kenntnis der Schüttdichte, also das Gewicht eines Kubikzentimeters bei lockerer Schüttung, notwendig. Ihr durchschnittlicher Wert ist neben der häufigsten Teilchengröße in der folgenden Tabelle (S. 80) enthalten.

Die Teilchengröße ist in zweifacher Hinsicht von Bedeutung. Je feiner ein Pulver ist, desto besser ist die Adsorption, desto geringer aber die Filtriergeschwindigkeit. Aus diesem Grunde versuche man stets, mit gröberen Präparaten auszukommen. Mitunter läßt sich durch Mischen verschiedener Feinheitsgrade die Stärke eines Adsorptionsmittels recht fein abstufen[215]). Auch das Mischen verschiedener Stoffe läßt den gleichen Zweck erreichen[216]).

	Schüttdichte	Teilchengröße (μ)
Aktivkohle (Düsseldorfer Farbwerke I)	0,2	
Aluminiumoxyd	1,0	7
Calciumoxyd	0,7	
Calciumhydroxyd		2,5
Calciumcarbonat, gefällt	0,75	1,5
Calciumsulfat, wasserhaltig		10,5
Fasergips	1,1	
Magnesiumoxyd		1,5
Talk	0,6	
Zucker	0,9	
Floridin XXF	0,5	1,5—7
Frankonit KL	0,5	
Silicagel	0,8	je nach Mahlung
Adsorptionston aus Java (acid clay)		10

Ungünstig sind poröse Adsorbentien, da sich in ihren feinen Kanälen stets ein großer Teil der Substanz dem auswählenden Wechsel von Elution und neuer Adsorption entzieht. Dies betrifft in erster Linie Kieselsäuregel, manche Kohlesorten und zu hoch erhitztes, gesintertes Aluminiumoxyd.

2. Füllen des Rohres

Das Einfüllen des Adsorptionsmittels in das Rohr erfordert besondere Sorgfalt. Ist seine Lagerung zu locker, dann können sich in der Säule Risse bilden, die natürlich die Ausbildung regelmäßiger Zonen vereiteln. Auch Luftblasen oder Hohlräume in der Füllung zerstören das Chromatogramm vollständig. Andererseits filtriert eine allzu fest gestopfte Säule zu langsam. Diese grundlegenden Fehler lassen sich bei den meisten Adsorptionsmitteln leicht vermeiden. Sehr viel schwieriger erreicht man, daß das Füllmaterial überall gleichmäßig dicht liegt. Schon kleinste Unregelmäßigkeiten führen zu einer Verzerrung der Zonen, die ihre spätere Trennung erschwert oder gar unmöglich machen kann (Abb. 3 auf Tafel I). Vollkommen ebene Schichten erhält man überhaupt selten und muß daher mit Ansätzen zufrieden sein, wie sie die Abbildungen auf Tafel II—IV zeigen.

In der Praxis haben sich zwei verschiedene Methoden herausgebildet, von denen je nach den Umständen einmal das trockene, ein anderes Mal das nasse Verfahren den Vorzug verdient. Die Wahl richtet sich nach der Größe der Ansätze und vor allen Dingen nach den physikalischen Eigenschaften des Adsorptionsmittels.

Das trockene Verfahren. Es ist am bequemsten, das trockene Adsorptionsmittel direkt aus dem Vorratsgefäß in die fertig aufgestellte Röhre einzuschütten. Dabei empfiehlt es sich, mit der Wasserstrahlpumpe mäßig stark anzusaugen und mit einem Holzstab rund herum seitlich gegen das Rohr zu klopfen. Durch den Luftzug und die Erschütterung setzt sich die Füllung sogleich und die Hohlräume kommen zum Einsturz. Bei weiten Rohren verwendet man einen Einfülltrichter und achtet darauf, daß das Pulver in der Mitte des Rohrquerschnitts auftrifft. Stets soll das oberste Fünftel des Rohres für die Lösung freibleiben. Bei einiger Übung lassen sich so beispielsweise mit Aluminiumoxyd tadellose Säulen erhalten.

Die feineren Adsorptionsmittel wie Calciumcarbonat, Talk oder Puderzucker werden besser eingestampft. Dazu füllt man jeweils eine kleine Menge, 1 bis 2 cm hoch, in das Rohr ein und stampft sie mit vielen kleinen Schlägen mit einem Stampfer rundherum möglichst gleichmäßig fest. Als Stampfer dient ein Glasstab mit flacher Endscheibe oder nach H. Brockmann ein halb durchbohrter Kork, der auf einem Glasstab steckt. L. Zechmeister verwendet aus Holz gedrehte Pistille. Die Stirnfläche soll drei Viertel des Rohrdurchmessers sein. Beim Anheben des Stampfers macht man eine kleine drehende Bewegung; auch das Rohr kann man langsam drehen, um jede Einseitigkeit auszugleichen.

Verschiedene Autoren empfehlen, als oberen Abschluß auf die Säule eine Scheibe Filtrierpapier oder etwas Watte aufzulegen. Es kommt aber leicht vor, daß diese Hilfsmittel den Strom der Lösung einseitig an bestimmte Stellen der Säule dirigieren. Wir ziehen es daher vor, das Adsorptionsmittel nicht zu bedecken und als Schutz nur mehrere Zentimeter hoch Flüssigkeit darüber stehen zu lassen.

Als Regel gilt, daß jede trocken eingefüllte Säule zunächst mit dem Lösungsmittel durchfeuchtet werden muß. Hierzu gießt man die Flüssigkeit in den freigelassenen oberen Teil der Röhre ein; ist dabei die Oberfläche uneben geworden, so rührt man sie mit einem Glasstab auf und erhält nach dem Absitzen eine ganz ebene Fläche. Dann wird unverzüglich, ehe alles Lösungsmittel eingezogen ist, der Tropftrichter aufgesetzt und die Lösung der Substanz aufgegeben. Bei dieser Arbeitsweise fängt die über der Säule stehende Flüssigkeit die Tropfen auf und verhindert die Bildung eines Kraters ebenso wie ungleichmäßiges Einziehen.

Das Einschlämmverfahren. A. Winterstein und G. Stein[217]) haben zuerst den Vorschlag gemacht, das Adsorptionsmittel als Suspension in die Röhre einzufüllen. Hierzu rührt man das Pulver mit dem Lösungsmittel der Substanz zu einem dünnen Brei an und gießt es portionsweise ein; nach jedem Guß wird so lange gesaugt, bis das Adsorbens gerade noch mit Flüssigkeit bedeckt bleibt.

Da kein Adsorptionsmittel vollkommen homogen ist, findet hierbei stets eine Sortierung der Teilchen nach ihrer Sinkgeschwindigkeit statt. Die gröbsten Anteile jedes folgenden Gusses kommen dabei unmittelbar auf die leichtesten und feinsten des vorhergehenden zu liegen und dadurch entstehen in der Säule Stellen, an denen sich das Adsorptionsvermögen sprunghaft ändert. Die Folge ist, daß in einer solchen Säule auch eine reine Substanz verschiedene Zonen geben kann und daher für uneinheitlich gehalten werden muß (Tafel I, Abb. 4).

Säulen, die zu diagnostischen oder quantitativen Analysen dienen sollen, sind daher stets in einem einzigen Gusse oder aber trocken einzufüllen.

Mehrschichtensäule. Wenn man Stoffe sehr verschiedener Adsorbierbarkeit zu trennen hat, ist es mitunter zweckmäßig, mehrere Adsorptionsmittel übereinander in das gleiche Rohr einzufüllen (vgl. S. 102).

3. Die Lösung der Substanz

Feste Substanzen müssen zur Adsorptionsanalyse gelöst werden. Hierzu sind prinzipiell alle gebräuchlichen Lösungsmittel geeignet, doch nimmt die Adsorbierbarkeit der gelösten Stoffe in derselben Reihenfolge ab, in der die Eigenadsorption des Lösungsmittels zunimmt (siehe S. 31). In der hier folgenden Besprechung werden die Lösungsmittel so aufgeführt, daß die (echte) Adsorption aus jedem folgenden schwächer ist als aus dem vorhergehenden.

Benzin oder Petroläther. Es muß frei von Olefinen und möglichst arm an höheren Homologen sein und soll zwischen 70° und 80° sieden. Tiefer siedende Fraktionen lassen sich an der Saugpumpe schlecht filtrieren. Für höchste Ansprüche an Reproduzierbarkeit verwendet man Pentan. Sonst hat sich „Normalbenzin" (Kahlbaum) bewährt.

Tetrachlorkohlenstoff und Trichloräthylen müssen vor allem ganz trocken und frei von Alkoholen sein. Man trocknet mit frisch entwässertem Chlorcalcium und destilliert. Manche empfindlichen Substanzen (Carotinoide) zersetzen sich in halogenhaltigen Lösungsmitteln.

Schwefelkohlenstoff[218]) in reinem Zustand ist recht geeignet und durch sein gutes Lösungsvermögen oft von Wert. Vor dem Zerlegen der Säule verdrängt man den Überschuß durch Waschen mit Benzin; man vermeidet so die Belästigung durch die übelriechenden Dämpfe.

Benzol und Toluol. Störende Verunreinigungen sind Feuchtigkeit und schwefelhaltige Isologe (Thiophen, Thiotolen). Letztere entfernt man durch stundenlanges Rühren mit konzentrierter Schwefelsäure und anschließende Destillation des abgetrennten Kohlenwasserstoffes. Zum Trocknen wird Natriumdraht hineingepreßt. Trockenes, thiophenfreies Benzol ist käuflich.

Benzol wird häufig im Gemisch mit Benzin verwendet. Das ist dann nötig, wenn die Substanz in Benzin zu wenig löslich ist oder daraus zu stark adsorbiert wird, aus Benzol allein aber die Adsorption ungenügend bleibt.

Benzoldämpfe sind giftig!

Chloroform ist stets durch Alkoholzusatz stabilisiert und in dieser Form ungeeignet. Man entfernt den Alkohol durch Auswaschen mit Wasser und trocknet mit frisch entwässertem Chlorcalcium.

Äther kann Alkohol, Wasser und Peroxyde enthalten. Man reinigt durch Ausschütteln mit Ferrosulfatlösung, trocknet mit viel Chlorcalcium vor und destilliert über Natriumdraht. Reiner absoluter Äther ist käuflich.

Essigester muß unbedingt von Alkohol und Essigsäure befreit werden. Hierzu wäscht man im Scheidetrichter mit Sodalösung und Wasser und trocknet mit Chlorcalcium. Zum Schluß wird destilliert.

Aceton und die Alkohole kommen für die Adsorption kaum noch in Betracht. Sie sind im Gegenteil ausgezeichnete Elutionsmittel.

Wasser wird für echte Adsorptionen auch nur außerordentlich selten verwendet[219]); es dient ebenfalls als Elutionsmittel.

Pyridin gilt als das kräftigste Elutionsmittel, das wir kennen. Man trocknet über Ätzkali und reinigt durch Destillation.

In der Praxis probiere man die Lösungsmittel der Reihe nach durch und nehme das erste, das ausreichend löst. Zeigt dann der Vorversuch, daß die Adsorption noch zu fest ist, und will man das Adsorbens beibehalten, dann kann man ein in der Reihe folgendes Lösungsmittel anwenden. Ist die Adsorption zu gering, so ist es oft möglich, der Lösung nachträglich Benzin oder dergleichen zuzusetzen; man muß aber stets sicher sein, daß die Substanz nicht in der Säule auskristallisiert. Schlecht adsorbierbare Substanzen können oft in der Dampfphase getrennt werden (S. 21).

Zur Adsorptionsanalyse dürfen nur reinste Lösungsmittel verwendet werden. Diese Regel gründet sich darauf, daß das Adsorptionsverhalten jeder Lösung durch geringste Spuren von Alkoholen oder Wasser, aber auch vieler anderer Substanzen grundlegend verändert wird. Oft wird die Substanz schon gelöst vorliegen, sei es als Extrakt oder von einer Vorbehandlung her. Um sie in das geeignete Medium überzuführen, gibt es dann zwei Möglichkeiten:

1. Man dampft das Lösungsmittel ab, gewöhnlich unter vermindertem Druck, trocknet den Rückstand sorgfältig in einem Exsikkator mit geeigneter Füllung und löst in dem beabsichtigten Mittel auf.

2. Ist das vorliegende Lösungsmittel mit Wasser mischbar (Alkohol, Methanol, Pyridin, Eisessig), das beabsichtigte aber nicht, so kann man der Lösung letzteres zusetzen und im Scheidetrichter das alte Lösungsmittel sorgfältig herauswaschen. Anschließend muß man die Lösung gut trocknen (Natriumsulfat wasserfrei), sonst wird gar nichts adsorbiert. Dieses Verfahren ist sehr oft mit Vorteil zu verwenden, zum Beispiel nach einer Verseifung mit Alkoholatlösung, nach Acylierungen in Pyridin,

Acetylchlorid oder Essigsäureanhydrid oder bei alkoholhaltigen Extraktionsmitteln.

So trennt A. Winterstein[220]) die isomeren Carotinfarbstoffe aus der Frucht von Gonocarium pyriforme auf folgende Weise: Die Schalen der Gonocariumfrüchte (300 g) werden in 500 ccm Aceton eingelegt, nach 24 Stunden abgepreßt und bei 40° getrocknet. Nach dem Mahlen in einer Kugelmühle wird das staubfeine, hellgelb gefärbte Pulver (70 g) mit insgesamt 750 ccm Petroläther (30—50°) in der Kälte extrahiert. Der dunkelorangegelb gefärbte Extrakt wird mit 10% methylalkoholischer Kalilauge versetzt und zur Verseifung der Ester unter Luftabschluß 12 Stunden geschüttelt. Die Seifen und der Methylalkohol werden durch Waschen mit Wasser entfernt, die petrolätherische Lösung getrocknet und auf 300 ccm eingeengt. Diese Lösung wird durch eine 17 cm hohe und 6 cm dicke Säule von aktiviertem Aluminiumoxyd (Merck, standardisiert nach H. Brockmann) filtriert und mit 2 Litern Benzin (70°) zum Chromatogramm gewaschen. Es bilden sich vier scharfe Zonen, von denen die oberste aus Lycopin, die zweite aus γ-und δ-Carotin, die dritte aus β-Carotin und die unterste aus α-Carotin besteht. Die zweite Fraktion wird nochmals adsorbiert, wobei noch eine kleine Menge Lycopin abgetrennt wird. β-Carotin ist darin nur in Spuren vorhanden. Das Chromatogramm wird in der Weise zerlegt, daß die Anteile, deren erste Absorptionsbande in Schwefelkohlenstofflösung bei 532 bis 533 mμ lag, vereinigt werden (etwa 50 bis 60% des gesamten Farbstoffes). Diese Fraktion wird nochmals adsorbiert, wobei eine kleine Menge eines Farbstoffes mit tiefer liegenden Absorptionsbanden abgetrennt werden kann. Das so gewonnene γ-Carotin ist chromatographisch einheitlich. Die Hauptfraktion wird mit Petroläther-Methanol eluiert, das Methanol ausgewaschen, der Petroläther bis auf ein kleines Volumen im Vakuum verdampft, das Konzentrat in eine Ampulle überführt, das Lösungsmittel im Vakuum vollständig entfernt und die Ampulle im Hochvakuum zugeschmolzen. Nach einiger Zeit beginnt das γ-Carotin aus der braunrot gefärbten Masse auszukristallisieren. In entsprechender Weise können auch die anderen Zonen mit methanolhaltigem Petroläther eluiert und zur Kristallisation gebracht werden.

Ebenso wie Verunreinigungen im Lösungsmittel können auch Fremdstoffe aus der gelösten Substanz den Gang der Adsorption stören. Bei aufeinanderfolgenden Adsorptionen kann der gleiche Stoff sogar ein ganz verschiedenes Verhalten zeigen, wenn solche Begleiter inzwischen entfernt worden sind (vgl. auch S. 97). Aus diesen Gründen empfiehlt es sich stets, sehr unreine Lösungen zunächst nach chemischen Methoden (Ausschütteln, Verteilen zwischen Lösungsmitteln, Vorfällungen) vorzureinigen und die Tswettsche Analyse erst auf die vorgereinigten Extrakte oder Gemische anzuwenden.

4. Aufgießen der Lösung

Das Aufgießen der Lösung schließt sich unmittelbar an das Befeuchten der Säule an und hat zu erfolgen, ehe das hierzu verwendete Lösungsmittel ganz eingezogen ist. Die Säule darf auch weiterhin niemals trocken werden, bis der Versuch beendet ist, da sich sonst leicht Risse bilden können.

Wo es möglich ist, läßt man die Lösung ohne Anwendung von Über- oder Unterdruck einfach durch die Säule filtrieren. Dies gibt die schönsten Chromatogramme. Viele Ansätze filtrieren dann aber allzu langsam; in solchen Fällen wird an die Wasserstrahlpumpe angeschlossen und zunächst schwach gesaugt. Die Saugwirkung muß verstärkt werden, wenn die Säule sich im Laufe des Versuchs verstopft und die Filtration wieder zu langsam wird. Oft setzt sich nur die oberste Schicht des Adsorptionsmittels zu; dann ist es weit besser, sie von Zeit zu Zeit mit einem Spatel aufzurühren und das Absaugen konstant zu halten.

Bei allen leicht siedenden Lösungsmitteln befördert man das Durchlaufen besser durch Überdruck, den man mit einem Gummiball im Tropftrichter erzeugt (Tswett). Hierzu haben sich die kleinen Handgebläse, die zum Füllen der automatischen Büretten im Gebrauch sind, sehr bewährt. Auch die Spezialeinrichtung nach Sannié (S. 75) in Verbindung mit einer Pumpe oder einer Gasbombe mit Reduzierventil ist sehr geeignet. Die Überdruck-Filtration hat den großen Vorteil, daß das Lösungsmittel nicht ins Sieden geraten kann; außerdem stehen dabei höhere Druckdifferenzen als 1 Atmosphäre zur Verfügung.

5. Waschen (Entwickeln)

Unter Waschen soll das Durchsaugen von reinem Lösungsmittel verstanden werden, das den Zweck hat, die Zonen vollständig zu trennen und eventuell noch weiter aufzuteilen. In der Literatur wird dieser Arbeitsgang im allgemeinen „Entwickeln" genannt. Wir wollen jedoch, entsprechend dem Brauch in der anorganischen Chromatographie, hierunter nur die Anwendung solcher Reagentien verstehen, die eine bereits fertig ausgebildete Säule durch eine chemische Reaktion sichtbar machen (siehe S. 108). Beispiele dafür sind also die Entwicklung von Phenolen mit Eisenschlorid oder von Schwermetallzonen mit Schwefelwasserstoff.

Erst das Waschen ergibt die hohe Trennschärfe und ist deshalb fast der wichtigste Teilvorgang bei jeder Tswettschen Analyse. Die schon adsorbierten Molekeln lösen sich dabei wieder ab, treiben eine Zeitlang im Strome der Flüssigkeit abwärts und setzen sich je nach ihrer Eigenart früher oder später von neuem fest. So wird jedes Teilchen unendlich oft eluiert und wieder von neuem adsorbiert und jedesmal findet wieder eine Sichtung statt. Das Bild vom „Hindernisrennen", das wir in der Gasanalyse verwendet hatten (S. 18), gilt auch hier.

Bei der Adsorption optisch aktiver Weinsäuren an Tierkohle hat man[221]) zeigen können, daß schon in 20 Sekunden mindestens die Hälfte aller Molekeln ihre ursprünglichen Plätze auf dem Adsorptionsmittel verlassen hatte. Man kann danach ermessen, wie oft sich der Adsorptionsvorgang wiederholt, wenn das Waschen einige Stunden lang fortgeführt wird — ein durchaus normaler Fall.

Das Aufgeben der Waschflüssigkeit beginnt, ehe die Lösung der Substanz vollständig eingezogen ist. Die Säule darf auch jetzt nie trocken werden. Man wäscht so lange, bis die verschiedenen Zonen sich gut erkennen und trennen lassen; hierzu ist das zwei- bis zehnfache Volumen der Analysenlösung an Waschflüssigkeit erforderlich. Bei farblosen Substanzen muß man die richtige Menge durch Versuche ermitteln.

Nicht immer läßt sich der Idealfall erreichen, daß die einzelnen Zonen durch leere Schichten des Adsorbens voneinander getrennt sind (Tafel II, Abb. b). Oft grenzen sie unmittelbar aneinander oder gehen sogar in einer Zwischenzone ineinander über. In diesem Fall unterwirft man das Elut an einer neuen Säule noch einmal der Adsorption. Stoffe mit sehr ähnlichem Verhalten geben nur eine einzige, gleichmäßig aussehende Zone, in deren oberem oder unterem Ende trotzdem bestimmte Stoffe des Gemisches angereichert sein können.

Zum Waschen benutzt man im allgemeinen das Lösungsmittel oder Lösungsmittelgemisch, in dem die Substanz gelöst war. Geht die Trennung zu langsam, so geht man zu einem anderen Lösungsmittel über, aus dem schwächer adsorbiert wird, das in der Reihe (S. 31) also tiefer steht. Statt Petroläther kann man zum Beispiel Benzol oder Äther verwenden. Gewöhnlich genügt schon ein kleiner Zusatz (0,5 bis 5%) eines solchen Lösungsmittels zum ursprünglichen. Man darf die Elutionskraft der Waschflüssigkeit stets nur ganz langsam und vorsichtig steigern, weil sonst die Zonen wieder ineinanderfließen können.

Auch die Durchlaufgeschwindigkeit ist für den Erfolg des Waschens von großer Bedeutung. Aus theoretischen Gründen existiert eine optimale Geschwindigkeit, die man im Einzelfall gefühlsmäßig zu treffen sucht. Meistens wird zu schnell gewaschen. Dadurch sinkt die Zahl der Einzeladsorptionen, weil die Substanz die Säule zu schnell passiert, und die Trennung wird schlecht. Bei allzu geringer Filtriergeschwindigkeit tritt dagegen die Diffusion störend in Erscheinung; da sie nach allen Richtungen hin erfolgt, verbreitert sie die Zonen und macht sie unscharf (s. a. Tafel II, Abb. c). Auch dies ist ein Grund, die Adsorptionsanalyse nicht zu unterbrechen und mit dem Zerteilen des fertigen Chromatogramms nicht zu warten.

6. Zerteilen der Säule

Sobald das Waschen beendet ist, saugt man den Überschuß des Lösungsmittels ab, drückt die gerade noch feuchte Füllung mit einem passenden Stempel aus dem Rohr heraus und zerteilt sie zwischen den Zonen. Die einzelnen Anteile kommen sofort in vorbereitete Kölbchen mit Elutionsflüssigkeit. Man kann auch die Masse mit einem langen Spatel bis zur nächsten Zonengrenze auflockern und den losen Teil unter Drehen des Rohres herausschütten, jede Partie in ein anderes Gefäß. Bei großen Ansätzen hebt man das Adsorptionsmittel mit einem Löffelchen heraus. Mikrorohre werden am besten zwischen den Zonen zerschnitten und die Abschnitte in passenden Reagensgläsern eluiert.

Die zweckmäßige Unterteilung der Säule hat zur Voraussetzung, daß man die Zonen mit den verschiedenen Adsorpten erkennen kann. Bei farbigen Substanzen macht dies keine Schwierigkeiten. Die Tswettsche Methode ist aber keineswegs auf solche beschränkt, nur muß im Falle farbloser Stoffe der Feststellung der Zonen besondere Aufmerksamkeit zugewandt werden. Die ausprobierten Möglichkeiten werden im folgenden Abschnitt besprochen.

7. Feststellung der Zonen bei farblosen Adsorpten

Die Zonen einer farblosen Substanz erkennt man auf dunklen Adsorptionsmitteln mitunter durch die Aufhellung der Säule an den besetzten Stellen, beispielsweise bei der Bindung von Peptiden an Bleicherde[222]).

Allgemeiner anwendbar ist folgende Methode: A. Winterstein[223]) sowie P. Karrer[224]) haben darauf aufmerksam gemacht, daß recht viele farblose Substanzen ihre Anwesenheit durch Fluoreszenz im gefilterten ultravioletten Licht der Analysenquarzlampe (Heraeus, Hanau) verraten (Tafel III, Abb. b). Karrer nennt diese Modifikation „Ultrachromatographie". Die Durchlässigkeit der gewöhnlichen Glasröhren reicht hierzu in den meisten Fällen aus. Durch Verwendung von Röhren aus Uviolglas oder Quarz wird der Anwendungsbereich der Methode noch etwas erweitert.

Als Beispiel † mag die Reinigung von Anthracen dienen[225]): 6 g Anthracen „für wissenschaftliche Zwecke" wurden in Benzin gelöst und an eine 25 cm hohe und 6 cm dicke Säule von aktivem Aluminiumoxyd adsorbiert. Beim Waschen des Chromatogramms mit Benzin bilden sich im oberen Teil einige schmutzigbraune Zonen, aus denen keine kristallisierte Substanz isoliert werden konnte. Darunter erscheint die Säule farblos. Im Licht der Analysenlampe erkennt man aber noch drei Zonen: im oberen Teil eine schmale, scharfe, hellblau fluoreszierende, darunter eine gelbe und im unteren Teil eine blau fluoreszierende, breite Zone. Beim längeren Waschen ging der größte Teil des Anthracens ins Filtrat, dessen erste Anteile paraffinähnliche Substanzen enthielten. Das Anthracen kristallisiert nach dem Einengen in stark blau fluoreszierenden, langen Spießen. Die oberste Zone wurde mit Äther eluiert, der Äther verdampft, der Rückstand im Vakuum bei 0,5 mm und 150 bis 170° sublimiert und das Sublimat aus Benzol unter Zusatz von Benzin umkristallisiert. Es wurden 350 mg farbloser, glänzender Blättchen erhalten, die bei 238° schmolzen und mit Carbazol vom Schmelzpunkt 238° keine Depression gaben.

Man muß beachten, daß die gleiche Verbindung auf verschiedenen Adsorptionsmitteln verschiedenartig fluoreszieren kann. Beispielsweise fluoresziert Benzanthron in Benzollösung goldgelb, auf Calciumcarbonat oder Aluminiumoxyd adsorbiert kanariengelb, auf natürlichen Bleicherden grün, auf künstlichen goldgelb bis rotorange[226]). In wäßrigem Medium kann die Fluoreszenzfarbe stark und charakteristisch vom p_H-Wert abhängen[227]). Begleitsubstanzen löschen sie mitunter aus; so genügt schon $^1/_{30000}$ %

Naphthacen, um dem Anthracen die schöne blaue Leuchterscheinung im Ultraviolettlicht vollständig zu nehmen. Es können also auch nicht fluoreszierende Lösungen Chromatogramme geben, die unter der Analysenlampe zu enträtseln sind.

Neuerdings hat Troitskii[228]) einen Apparat konstruiert, der die mit der Adsorption einhergehende Änderung der Dielektrizitätskonstanten zur Feststellung farbloser Zonen verwendet. Die Zonengrenzen werden durch die Tonänderung in einem Telephon festgestellt.

Wenn es sich darum handelt, eine schon bekannte Substanz aus einem Gemisch herauszuholen, dann kann man die Indikatormethode von M. Tswett verwenden[229]). Man sucht in Vorversuchen einen Farbstoff, der ebenso adsorbiert wird wie die interessierende Substanz. Diesen setzt man der Lösung zu; er markiert dann bei der Adsorptionsanalyse die Zone, in der sich der gesuchte Stoff befindet.

Beispielsweise hat H. Brockmann[230]) Vitamin D_3 aus Thunfischleberöl auf folgende Weise isoliert: Das Unverseifbare wurde zunächst durch Verteilungsverfahren (siehe im Original) vorgereinigt. 120 g des Präparates hatten einen Vitamin-D-Gehalt von 280 internationalen Einheiten (D = 280 IE.).

1. Voradsorption. Je 20 g wurden in 500 ccm Benzol-Benzin 1 : 4 gelöst und durch eine Säule von Aluminiumhydroxyd III filtriert, worauf mit 1200 ccm Lösungsmittel nachgewaschen wurde. Im Filtrat fanden sich 5,8 g Öl, D = 800 IE.

2. Je 10 g dieses Präparates wurden zusammen mit 100 mg Indikatorrot 33 (Sudan III, E. Merck) in 600 ccm Benzol-Benzin 1 : 4 aufgenommen und durch eine Aluminiumhydroxyd-III-Säule filtriert. Beim Nachwaschen mit 3 Litern Lösungsmittel entstand das folgende Bild:

oben: hellgelb
rosa
rot, enthält 2,9 g Öl, D = 2000 IE.
unten: bräunlichgelb.

3. Die 2,9 g aktives Öl aus der vorhergehenden Stufe wurden in 200 ccm Benzol-Benzin 1 : 4 gelöst, vom auskristallisierten Indikatorrot abfiltriert und wieder durch Aluminiumhydroxyd III chromatographiert. Nach dem Waschen mit 1,5 Litern Lösungsmittel entstanden drei Zonen:

oben: hellgelb
rot, enthält 0,9 g Öl, D = 4400 IE.
unten: gelb.

Das eluierte und vom Lösungsmittel befreite Öl (0,9 g) der mittleren Zone wurde in 50 ccm Benzin aufgenommen und die Lösung so lange mit 20-prozentiger methylalkoholischer Kalilauge (aus 80-prozentigem Methylalkohol) durchgeschüttelt, bis sie farbstoffrei war.

Dieses Endprodukt von 5500 IE. enthält etwa 30% Vitamin. Da die weitere Reinigung durch Adsorptionsanalyse sehr verlustreich war, wurde nach Entfernung des Cholesterins mit 3,5-Dinitro-benzoylchlorid verestert und das Estergemisch aus Benzol–Benzin 1 : 4 an Aluminiumhydroxyd III adsorbiert. Nach dem Nachwaschen mit dem Lösungsmittelgemisch sind vier Zonen entstanden, deren unterste fast reinen Vitamin-D_3-Ester enthält, der aus Aceton–Methanol zur Kristallisation gebracht werden kann.

In vielen Fällen kann auch ein farbiger Begleitstoff, der im Rohextrakt vorhanden ist, als Indikator für die gesuchte Substanz dienen[231]).

Vielseitige Anwendung gestattet der Weg, farbige Derivate herzustellen, diese adsorptionsanalytisch zu trennen und hernach wieder zu zerlegen. Als erster hat wohl H. H. Strain[232]) diese Methode bei den Dinitro-phenylhydrazonen einfacher Aldehyde und Ketone angewandt. Diese sind gelb bis rot gefärbt und geben auf „saurem"[233]) Aluminiumoxyd sehr schöne Chromatogramme. W. S. Reich[234]) benutzt zur Trennung von Hexosen deren Azobenzol-p-benzoesäureester, die sich gewiß auch noch in anderen Fällen bewähren werden; man erhält sie durch Umsetzen der Zucker mit Azobenzol-p-benzoylchlorid. Zur Trennung von Carbonsäuren stellt H. Willstaedt[235]) die gefärbten Amide I oder II her,

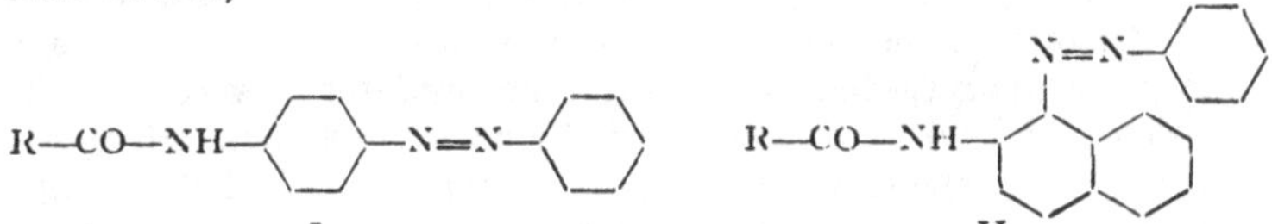

I II

indem er das Säurechlorid mit p-Amino-azobenzol oder Phenylazo-β-naphthylamin umsetzt. Phenole können als Eisensalze[236]), Alkaloide als Pikrate, Styphnate, Reineckate oder ähnliche Derivate analysiert werden.

So haben H. Wieland, W. Konz und R. Sonderhoff[237]) eine Alkaloidfraktion aus Calebassen-Curare in Form der Reineckate in folgender Weise gereinigt: 5 g vorgereinigtes Material wurde in wäßriger Lösung mit reinster Reinecke-Säure gefällt und gab 2,67 g Reineckat. Dieses wurde in

800 ccm reinstem Aceton gelöst und durch eine 15 cm hohe Schicht von 100 g Aluminiumoxyd durchlaufen gelassen; mit 150 ccm Aceton wurde nachgewaschen. Die wenig wirksamen Begleitstoffe werden in einer oberen, braunen Zone adsorbiert. Das Filtrat wird im Vakuum auf etwa 50 ccm eingedampft, dann fügt man das gleiche Volumen Wasser hinzu, macht mit 2 n-Salzsäure schwach kongosauer und schüttelt die Reinecke-Säure mit Äther aus. Etwa zur Ausscheidung kommendes Reineckat wird durch tropfenweisen Zusatz von Aceton wieder in Lösung gebracht. Da in der acetonhaltigen Lösung noch Reineckat gelöst bleibt, muß dieser Anteil im Vakuum eingedampft und wiederholt in der beschriebenen Weise verarbeitet werden.

Aus der oberen Zone der Tonerdesäule läßt sich mit Aceton-Methanol und einigen Tropfen 2 n-Salzsäure ein Reineckat isolieren, das nach der Zerlegung mit Salzsäure ein sehr dunkel gefärbtes Chlorhydrat von geringer Wirksamkeit liefert, an Gewicht etwa die Hälfte des Ausgangsmaterials.

Bei Molekülverbindungen muß allerdings die Affinität der Partner zueinander wesentlich größer sein als die Affinität jedes der Partner zum Adsorptionsmittel, sonst wird die Verbindung zerlegt. Die praktische Anwendung dieser Erscheinung wird auf S. 103 besprochen.

Die bisher besprochenen Derivate können wieder gespalten werden und erlauben damit die Isolierung der reinen Substanzen auf adsorptionsanalytischem Wege. Legt man darauf keinen Wert, zum Beispiel bei Identifizierungen oder bei quantitativen Bestimmungen, so kann man noch weiter gehen und jede Umsetzung verwenden, die dem abzutrennenden Stoff eine chromophore Gruppe anhängt. E. C. H. J. Noyons[238]) identifiziert zum Beispiel kleine Mengen Vitamin C als Dinitroosazon nach adsorptionsanalytischer Trennung von anderen Osazonen, die aus den gleichzeitig vorhandenen Zuckern entstehen. H. Willstaedt[239]) kuppelt Vitamin B_1 zu einem ätherlöslichen Azofarbstoff. Einen ähnlichen Vorschlag machen W. Bielenberg und H. Goldhahn[240]) zur Trennung verschiedener Phenole voneinander. Diese letzte Methode dürfte überhaupt allgemeiner anwendbar sein, so zur Bestimmung aromatischer Aminosäuren in Eiweißhydrolysaten oder von aromatischen Aminen.

8. Das unsichtbare Chromatogramm

Trotz der zahlreichen Hilfsmittel, die zur Verfügung stehen, ist es häufig auf keine Weise möglich, das Säulenbild schon während seiner Entstehung zu beurteilen. In solchen Fällen muß das Waschen ohne Kontrolle durchgeführt werden. Es hat sich bewährt, hierzu etwa das Fünffache des Lösungsvolumens an reinem Lösungsmittel zu verwenden. Zur Feststellung der Zonen in dem „unsichtbaren Chromatogramm" (M. Tswett), deren Kenntnis für die zweckvolle Unterteilung notwendig ist, gibt es wieder verschiedene Wege.

Meist wird die ganze Säule in regelmäßigen Abständen unterteilt und jeder Teil für sich eluiert. Die erhaltene Substanz wird zur Kristallisation gebracht oder auf Farbreaktionen, spezifische Drehung, physiologische Wirksamkeit und dergleichen untersucht. Dieses empirische Verfahren ist zwar umständlich, aber sehr allgemein anwendbar.

Farbreaktionen können auch direkt mit Proben des Adsorpts angestellt werden, die der Säule an verschiedenen Stellen entnommen sind. L. Zechmeister[241]) empfiehlt für geeignete Fälle, das Reagens mit einem Pinsel als feinen Längsstrich auf die aus dem Rohr herausgedrückte Säule aufzutragen. Wenn die Zonen markiert sind, wird der gefärbte Streifen vorsichtig abgehoben und die Säule wie üblich zerteilt.

Beispielsweise können Aldehyde mit fuchsinschwefliger Säure, ungesättigte Verbindungen mit Permanganatlösung, Naphthole und Amine mit der Lösung von diazotierter Sulfanilsäure lokalisiert werden.

Sind gar keine charakteristischen Merkmale der adsorbierten Substanzen bekannt, so kann man eine Zonenbildung immer noch aus der relativen Belegung des Adsorptionsmittels an verschiedenen Stellen erkennen[242]). Hierzu muß die Säule in viele kleine, untereinander etwa gleichgroße Abschnitte, z. B. in zentimeterlange Stücke, unterteilt werden. Die gewogenen Abschnitte werden einzeln eluiert und das Gewicht jedes Eluts durch das des zugehörigen Säulenabschnitts dividiert. Vergleicht man diese Quotienten längs der ganzen Säule, so ergibt sich für eine einheitliche Substanz (oder für ein untrennbares Gemisch) ein Anstieg bis zu einem Maximum, danach ein stetiges Absinken. Folgen jedoch weitere Belegungsmaxima, so ist dies ein Beweis, daß eine Zonenbildung stattgefunden hat. Man hat dann einfach die Fraktionen zu vereinigen, zwischen denen die Minima des Quotienten (die von leeren Stellen auf der Säule herrühren) liegen.

9. Elution

Die Elution („Herauslösung") bezweckt die Ablösung der adsorbierten Stoffe vom Adsorbens. Ihre theoretische Grundlage ist schon auf S. 32 behandelt worden. Hier muß nur noch dem verbreiteten Irrtum entgegengetreten werden, daß ein gutes Lösungsmittel für eine Substanz zugleich ein gutes Elutionsmittel für sie sei. Es kommt fast nur auf die verdrängende Wirkung an.

Beispielsweise wird Carotin durch Alkohol, in dem es sehr schwer löslich ist, aus seiner Benzinlösung gefällt. Bei der Chromatographie wird es gerade aus Benzin stark adsorbiert, von Alkohol oder alkoholhaltigem Benzin aber leicht eluiert.

Die Rangordnung der flüssigen Elutionsmittel für hydrophile Adsorptionsmittel ist die umgekehrte Reihe der Lösungsmittel. Demnach sind Pyridin, Wasser und die niederen Alkohole die wirksamsten. In fast allen Fällen wird man mit Methylalkohol oder Äthylalkohol sein Auslangen finden. Man kann die reinen Alkohole nehmen, wenn die Substanz nachher in alkoholischer Lösung vorliegen soll. Man kann aber auch jedes andere Lösungsmittel anwenden und ihm nur einige Prozent (0,5 bis 5) Alkohol zusetzen. Letzteres ist besonders dann zu empfehlen, wenn die Adsorptionsanalyse mit der eluierten Substanz zwecks schärferer Trennung wiederholt werden soll; beispielsweise eluiert man mit alkoholhaltigem Benzin, wäscht den Alkohol im Scheidetrichter fort, trocknet und gießt die Benzinlösung auf eine frische Säule (vgl. S. 85).

Substanzen, die in den Alkoholen schwer löslich sind, zum Beispiel Carotin, Dracorubin, viele aromatische Kohlenwasserstoffe, würden beim Elutionsversuch mit den reinen Alkoholen im Adsorptionsmittel auskristallisieren. Bei solchen Stoffen ist man gezwungen, die Alkohole nur als Zusatz zu einem besseren Lösungsmittel zu verwenden.

Ist die Elution besonders schwierig durchführbar, so wird man das Adsorpt mit niederen Alkoholen auskochen oder extrahieren oder Pyridin anwenden. Meistens liegt dann jedoch keine echte Adsorption vor, sondern eine Salzbildung mit dem Adsorbens, die man durch Säuren (Eisessig, wäßrige oder alkoholische Salzsäure) oder Basen (Pyridin, Ammoniakwasser, Sodalösung) rückgängig macht; weitere Angaben hierzu findet man bei der Besprechung der Austauschadsorption auf S. 107.

Man beachte, daß an Kohle die entgegengesetzte Reihe der Lösungsmittel gilt; dort sind Benzol oder Chloroform wirksame Elutionsmittel[243]).

Schließlich besteht auch noch die Möglichkeit, das Adsorbens aufzulösen oder zu verändern. Beispielsweise kann eine Säule aus Zucker in Wasser gelöst und die adsorbierte Substanz durch Ausschütteln mit Benzol gesammelt werden. Calciumcarbonat läßt sich in verdünnter Salzsäure auflösen, wenn die gebundene Substanz nicht säureempfindlich ist. Noch häufiger wurde die oberflächliche Veränderung des adsorbierenden Materials praktisch verwendet. So suspendierte Tóth[244]) ein Calciumhydroxyd-Adsorpt in Wasser und leitete Kohlendioxyd ein, worauf die Elution gelang. Aluminiumhydroxyd wurde zur Ablösung der adsorbierten Enzyme mit Phosphatlösung behandelt und dadurch oberflächlich in das Phosphat verwandelt[245]). Die Oxydation von Bleisulfid mit Wasserstoffperoxyd, die einen ähnlichen Zweck verfolgt, ist schon auf S. 34 erwähnt worden.

Die Elution soll stets unmittelbar an die Fertigstellung des Chromatogramms angeschlossen werden, da adsorbierte Substanzen oft recht zersetzlich sind (vgl. hierzu Tafel II und III).

10. Durchwaschen

Das Durchwaschverfahren, auch „flüssiges Chromatogramm" genannt, ist eine Kombination des Waschens mit der Elution. Es beruht darauf, daß bei fortgesetztem Waschen mit geeigneten Flüssigkeiten schließlich eine Zone nach der anderen in das Filtrat geht. Man braucht nur die Saugflasche in den richtigen Augenblicken zu wechseln und hat dann gleich die Lösungen der reinen Substanzen. Durch Änderung der Waschflüssigkeit nach dem Durchwaschen einer Zone kann der Vorgang wesentlich unterstützt werden.

Die Farbstoffe des Palmen-Drachenbluts hat G. Hesse[246]) folgendermaßen getrennt: Das Farbstoffgemisch wurde über die salzsauren Salze vorgereinigt und dann aus Chloroformlösung an Aluminiumoxyd adsorbiert und mit Chloroform kurz nachgewaschen. Es bildeten sich 6 Zonen aus:

oben: (braun)
ganz dunkelrot
rot, enthält den Hauptfarbstoff
(gelbrot)
(rosa)
unten: (braun).

Die eingeklammerten Bezirke enthalten nur wenig Substanz. Durch fortgesetztes Waschen mit Chloroform lassen sich die drei unteren Zonen in das Filtrat treiben. Dann wurde die Vorlageflasche gewechselt und die breite Hauptzone ebenfalls mit Chloroform durchgewaschen. Dieser Anteil kristallisiert beim Eindampfen in tiefroten Kristallen, die Lösungsmittel gebunden enthalten.

Das Waschen wird sodann mit Chloroform-Alkohol 1 : 1 fortgesetzt; dabei löst sich eine tiefrote Schicht aus der dunklen zweiten Zone ab und wandert in das Filtrat. Durch Kristallisation aus Alkohol wird hieraus ein Nebenfarbstoff erhalten.

Auch aus den drei unteren Zonen lassen sich nach erneuter Analyse an einer kleineren Säule kristallisierte Anteile gewinnen.

Bei farblosen Stoffen gelten sinngemäß die früher besprochenen Kriterien. Neu kommen hinzu:

1. Den Durchbruch einer Fraktion erkennt man mitunter daran, daß die abtropfende Lösung in dem bisher angesammelten Filtrat Schlieren gibt.

2. Leicht flüchtige Lösungsmittel setzen durch Verdunstung am Vorstoß des Adsorptionsrohrs mitunter kristallisierte Substanz ab, besonders nach dem Anblasen mit einem Gummiball. Das Aussehen dieser Ausblühungen, die Geschwindigkeit ihrer Neubildung nach dem Abspülen und andere Anzeichen zeigen dem aufmerksamen Beobachter, wann er die Vorlage wechseln muß. Solche Kriterien wurden von meinem Schüler H. Eilbracht bei der Aufarbeitung von Dehydrierungsansätzen mit Erfolg benutzt.

3. Die quantitative Verfolgung der Analyse, die früher mit Hilfe der Adsorptionsquotienten (S. 93) durchgeführt wurde, nimmt nun folgende Form an: man arbeitet mit Überdruck und hält zwei kleine Meßzylinder bereit, in denen man abwechselnd den Durchlauf auffängt. Die einzelnen kleinen, unter sich gleichen Portionen werden eingedampft und gewogen. Findet man Gewichtsminima, so liegen vorher und nachher verschiedene Substanzen vor und man kann die Fraktionen sinngemäß vereinigen.

Das Durchwaschen unter Verwendung verschiedener Waschflüssigkeiten mit langsam steigendem Elutionsvermögen ist die bequemste Form der Tswettschen Analyse. Für zonenreiche Chromatogramme mit dicht aneinanderliegenden, dünnen Scheiben ist sie freilich nicht geeignet; in allen anderen Fällen strebt man sie aber an. Sehr häufig kombiniert man beide Arbeitsweisen, indem man einen Teil der Zonen in das Filtrat wäscht und die übrigen durch Zerlegen der Säule trennt.

Häufig, besonders bei unreinen Lösungen, erhält man kein erkennbares Säulenbild. Auch in diesem Fall kann man zu einer gewissen Trennung kommen, wenn man die durchlaufende Lösung fraktioniert auffängt; im allgemeinen genügt dann ein kurzes Nachwaschen der Säule. Der Inhalt der einzelnen Fraktionen kann vielfach in einem stärkeren Adsorptionsmilieu nachher getrennt werden.

11. Sonderfälle

Sekundäradsorption. Es kommt mitunter vor, daß ein adsorbierter Stoff seinerseits einen dritten Stoff festhält, also ein Adsorpt als neues Adsorbens wirkt. Dieser Vorgang, der vollkommen den Verhältnissen in der Beizenfärberei entspricht, wurde von Cl. Schöpf und G. Becker „Sekundäradsorption" genannt[247]. Die „Beize" kann ein natürlicher Begleiter des gesuchten Stoffes in der Rohlösung sein. In diesem Fall beobachtet man, daß er aus seiner ursprünglichen Lösung gut adsorbiert wird, daß aber bei der Wiederholung der Adsorption mit der eluierten Substanz unter den gleichen Bedingungen keine Zonenbildung mehr stattfindet, weil der Begleiter nicht mit eluiert wurde. Der Trugschluß, die Substanz sei bei der Adsorption verändert worden, liegt dann sehr nahe.

Weiterhin ist es möglich, daß der „Beizstoff" nicht zur Adsorption der ganzen vorhandenen Menge einer Substanz ausreicht, ein Teil davon also durch die Säule läuft, ein anderer fest adsorbiert wird. Sie erscheint dann zu Unrecht als uneinheitlich.

Beide Erscheinungen konnten Schöpf und Becker am Erythropterin, einem roten Flügelfarbstoff mancher Tagschmetterlinge, feststellen. Ein Teil davon wird aus seiner Rohlösung in wäßrigem Pyridin sehr fest an Aluminiumoxyd gebunden, teilweise läuft er durch die Kolonne in das Filtrat. Der hängengebliebene Anteil kann mit Pyridin–Wasser langsam eluiert werden und wird dann an einer neuen Säule nicht mehr adsorbiert.

Der Begleiter bleibt in dem gleichen Bezirk der ersten Säule, der früher das Erythropterin trug. Man kann ihn dort durch eine bräunliche Verfärbung und durch seine violettblaue Fluoreszenz unter der Analysenlampe erkennen.

Durch solche Einflüsse wird zweifellos eine Unsicherheit in den chromatographischen Versuch und seine Deutung hereingebracht. Erinnern wir uns, daß andere Begleitstoffe die Adsorption verhindern können und in sehr vielen Fällen tatsächlich verhindern, so leuchtet die Berechtigung jener Regel ein, die besagt, daß nur gut vorgereinigte Lösungen der Adsorptionsanalyse unterworfen werden sollen.

Auf der anderen Seite zeigt sich hier die Möglichkeit, wenig wirksame oder unspezifische Adsorptionsmittel durch Zusätze zu aktivieren. Nach einer Patentschrift (D. R. P. 652763) der I. G. Farbenindustrie A.-G. können „hydrophile Adsorptionsmittel" durch Zusätze wie Amine, Sulfosäuren und dergleichen für die Adsorption organischer Substanzen aktiviert werden. Dieser Kunstgriff ist bisher vorwiegend bei Austauschadsorbentien angewandt worden.

Adsorptionsanalyse bei Hochpolymeren. Hochpolymere Substanzen bestehen im allgemeinen nicht aus identischen Molekeln, sondern aus einer homologen Reihe verschieden großer Teilchen, die lediglich nach dem gleichen Bauplan gebildet sind. Da die Adsorption auf Unterschiede im Molekulargewicht anspricht, tritt die Frage auf, ob sich auf chromatographischem Wege einheitliche Fraktionen erhalten lassen. Sie ist von H. Mark und G. Saito[248]) untersucht und prinzipiell bejaht worden. Als Versuchsmaterial diente Acetylcellulose.

Auf ein Glasrohr (42 : 3 cm) wurde eine Kappe aus Messingdrahtnetz aufgepaßt, Glaswolle und Asbest eingelegt und als Füllung dreimal 10 g Blutkohle (Kahlbaum) verwendet; zwischen je zwei Portionen des Adsorbens befanden sich runde Leinwandläppchen. Zuerst wurde die Säule mit Preßluft von etwa 1 Atmosphäre behandelt, dann eine 0,5-prozentige Cellitlösung in Aceton aufgegossen und mit Hilfe der Preßluft filtriert. Das vorherige Anfeuchten der Säule mit Aceton hat zu unterbleiben, weil die adsorbierte Menge dann zu gering wird. Man wäscht so lange mit Aceton, bis keine Acetylcellulose mehr ins Filtrat geht.

Die Blutkohle jeder Schicht wurde für sich getrocknet, mit 50 ccm Dioxan gut geschüttelt und nach einem Tag filtriert. Diese Filtration ist schwierig; sie wurde in einem Glasrohr von 1,5 cm Durchmesser ausgeführt, das mit Glaswolle, Asbest und 7 g Stärke fest gestopft war. Die so erhaltenen

Elute und das Filtrat wurden bei etwa 60⁰ eingedampft und der Rückstand im Vakuumexsikkator über Phosphorpentoxyd und Adsorptionskohle getrocknet. Bei zwei Versuchen mit verschiedenen Cellitpräparaten ergaben die Viskositätsmessungen der Fraktionen in 0,1-prozentiger Acetonlösung folgendes:

	Cellit „L 700" (η_r = 1,090)		Cellit „L 1000" (η_r = 1,163)	
	Enthält Prozent der Ausgangsmenge:	Viskosität η_r	Enthält Prozent der Ausgangsmenge:	Viskosität η_r
Oberster Bezirk ...	30—35	1,049	30—35	1,101
Mittlerer Bezirk ...	30—35	1,065	25—35	1,135
Unterer Bezirk	20—25	1,067	20—30	1,138
Filtrat	5—10	1,097	10—15	1,198

Um sicher zu sein, daß nicht einfach eine Trennung in verschieden hoch acetylierte Anteile stattgefunden hatte, wurde der Acetylgehalt der einzelnen Fraktionen bestimmt. Er wurde in allen annähernd gleich hoch gefunden. Diese Ergebnisse wurden durch G. R. Levi und A. Giera[249]) bestätigt.

Merkwürdigerweise ist die Reihenfolge der Fraktionen gerade umgekehrt wie erwartet: nicht die größten, sondern die kleinsten Molekeln werden am stärksten zurückgehalten. Die Erscheinung hat wahrscheinlich die gleiche Ursache wie das Durchschlagen von Nebelstoffen durch Gasmaskenfilter. Ihre theoretische Deutung ist von E. Broda und H. Mark[250]) sowie von A. Baum und E. Broda[251]) versucht worden.

Cis-trans-isomere Verbindungen. Geometrisch isomere Verbindungen pflegen sich in allen Konstanten deutlich zu unterscheiden; es war daher auch zu erwarten, daß ihre Adsorbierbarkeit verschieden sein würde. Exakt bewiesen wurde es von H. Freundlich und P. Schikorr[252]) an Maleinsäure–Fumarsäure und von H. Freundlich und W. Heller[253]) an cis- und trans-Azobenzol. An letzterem Substanzpaar wurde die bemerkenswerte Tatsache gefunden, daß die Reihenfolge vom Adsorptionsmittel abhängen kann. An den hydrophilen Stoffen Aluminiumoxyd und Kieselsäuregel wurde die cis-Form, an der hydrophoben Kohle die trans-Form stärker adsorbiert. Allgemein nehmen die Autoren an, daß hydrophile Stoffe von hydrophilen Adsorptionsmitteln bevorzugt werden und umgekehrt.

Die adsorptionsanalytische Trennung der isomeren Azobenzole ist etwa gleichzeitig Zechmeister[254]) und Cook[255]) gelungen.

† Cook bestrahlt die Lösung von 1 g Azobenzol in 50 ccm Petroläther mit dem ungefilterten Licht einer Quarz-Quecksilberdampflampe 30 Minuten lang. Die Lösung wird anschließend durch eine 20 cm hohe und 2 cm dicke Säule von Aluminiumoxyd (Merck, nach Brockmann) filtriert und mit 100 ccm Petroläther gewaschen. Hierbei geht die untere Zone von unverwandeltem trans-Azobenzol in das Filtrat; die cis-Verbindung bleibt in einer scharfen, 4 cm langen Zone adsorbiert, die 1 cm unter dem oberen Rand der Säule beginnt. Das Adsorpt wird mit 150 ccm Petroläther, der 1% Methanol enthält, zerlegt; aus der Lösung wird der Methylalkohol mit Wasser ausgewaschen, der Petroläther mit Natriumsulfat getrocknet und unterhalb 22° im Vakuum abgedampft. Die zurückbleibenden Kristalle können aus wenig kaltem Petroläther umkristallisiert werden. Man erhält das cis-Azobenzol dann in orangeroten Tafeln mit dem Schmelzpunkt 71°.

Schon früher haben A. Winterstein und G. Stein[256]) die chromatographische Trennung von cis- und trans-Bixin sowie von cis- und trans-Crocetin-dimethylester kurz erwähnt. Aus letzter Zeit sind besonders die schönen Arbeiten von L. Zechmeister und Mitarbeitern zu bemerken[257]). Sie konnten zeigen, daß die verschiedensten Carotinfarbstoffe durch Erhitzen ihrer Lösungen oder unter dem katalytischen Einfluß von Jod reversibel isomerisiert werden und daß die so aller Wahrscheinlichkeit nach entstehenden cis-trans-Isomeren im chromatographischen Versuch leicht nachgewiesen und rein dargestellt werden können.

Beispielsweise wurde die Lösung von 570 mg chromatographisch einheitlichem Zeaxanthin in 1000 ccm Benzol 12 Stunden mit 2 mg Jod im Dunkeln aufbewahrt und dann in 5 Portionen der Tswettschen Analyse unterworfen. Das Rohr maß 30 : 7,5 cm, die Füllung bestand aus 1 Teil Calcium carbonicum laevissimum Merck und 2,5 Teilen Calcium carbonicum praecipitatum. Es wurde mit etwa 400 ccm Benzol gewaschen, bis sich das folgende Säulenbild zeigte (links Dicke der Scheiben in Millimetern):

12 orangegelb: Neozeaxanthin A
4 sehr blaß, diffus gelblich: Zwischenraum
30 hellgelb: Neozeaxanthin B
50 Zwischenraum mit Spuren von Neozeaxanthin C
150 orangegelb, dunkler als A: Zeaxanthin.

Die Neozeaxanthine wurden mit Alkohol eluiert und mit den entsprechenden Anteilen der anderen 4 Ansätze vereinigt. Wir führten dann die gesamte A-Fraktion in 250 ccm, die B-Fraktion in 450 ccm Benzol über und chromatographierten wie oben. Es genügten hierzu 1 bzw. 2 Adsorptionsrohre 26 : 4 cm für das Isomere A bzw. B, welche nach dem Waschen mit Benzol jeweils die Hauptschicht bildeten. Im ersteren Falle war außerdem Zeaxanthin sowie sehr wenig B als Nebenfarbstoff zugegen, im zweiten Falle nur Zeaxanthin.

Nun wurde das Benzol mit Petroläther (Siedepunkt bis 45°) aus der Kolonne verdrängt, die Hauptschicht A bzw. B mit Äther eluiert und dieser im Vakuum bei 25° sofort verjagt, wobei die Farbstoffe bereits kristallin zurückblieben. Sie wurden in 15 bis 20 ccm kaltem Methanol gelöst und 50-prozentiges Methanol bis zur bleibenden Trübung zugesetzt. Nach dem Stehen über Nacht im Eisschrank wurden die roten Kristalle abgesaugt, mit kaltem 50-prozentigem Holzgeist nachgewaschen und im Vakuumexsikkator getrocknet. Die Ausbeuten betragen 65 mg Neozeaxanthin A und 53 mg Neozeaxanthin B.

In Lösung verwandeln sich beide Isomere, langsam auch schon ohne Katalysator, rückwärts in Zeaxanthin und die anderen Formen. Daher ist jede Zeaxanthinlösung, je nach ihrer Vorgeschichte, ein wechselnd zusammengesetztes Gemisch aus isomeren Verbindungen. Hieraus erklärt es sich, daß die spezifische Drehung $[\alpha]_{Cd}$ von Zeaxanthinpräparaten in der Literatur sehr verschieden angegeben wird, und zwar zwischen 0° und —70°.

Beim Arbeiten in der Gasphase ist auch die Trennung von cis- und trans-Dichloräthylen an Kieselsäuregel möglich[258]) (vgl. S. 22).

Optische Antipoden. Optische Antipoden werden an inaktiven Adsorptionsmitteln gleich stark adsorbiert[259]). Dagegen tritt an optisch aktiven Adsorbentien[260]) häufig die Bevorzugung einer Komponente ein. Dies hat zuerst G. Karagunis und G. Coumoulos[261]) veranlaßt, die chromatographische Trennung des racemischen Chromkomplexes $[Cr(en)_3]Cl_3$ an optisch aktivem Quarzpulver zu versuchen. Eine geringe Aktivierung der wäßrigen Lösung trat in der Tat ein, und zwar wurde von d-Quarz die linksdrehende Komponente stärker adsorbiert und umgekehrt. In wesentlich größerem Ausmaß gelang G. M. Henderson und H. G. Rule[262]) am racemischen p-Phenylen-bisiminocampher

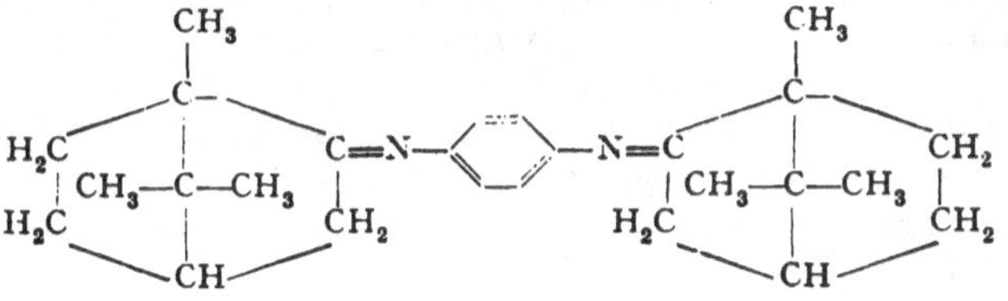

($\alpha_D = 1500^0$) die teilweise Trennung der Antipoden. Die Substanz wurde zu diesem Zweck aus Benzin–Benzol 8 : 1 an Milchzucker chromatographiert. Das Material aus dem obersten Viertel der Säule hatte $[\alpha]_D = +90^0$, das des letzten Viertels $[\alpha]_D = -50^0$. In einer späteren Arbeit derselben Autoren[263]) konnten nach vier Durchsätzen schließlich die reinen Antipoden erhalten werden. Durch diese Arbeiten ist also gezeigt worden, daß es prinzipiell möglich ist, die Zerlegung von Racemkörpern adsorptionsanalytisch durchzuführen. Zu einem präparativen Erfolg hat die Methode aber bisher nicht geführt.

Das gleiche gilt von dem originellen Spaltungsverfahren von H. Martin und W. Kuhn[264]), das die verschiedene Temperaturabhängigkeit der Adsorption von d- und l-Form an einem bewegten endlosen Band aus optisch aktivem Gewebe zur Spaltung von racemischer Mandelsäure ausnutzt.

Leichter gelingt die Trennung epimerer Verbindungen, die A. Stoll und A. Hofmann[265]) in der Reihe der Mutterkornalkaloide gelungen ist. Optisch aktive Adsorptionsmittel sind hierzu nicht erforderlich. So wurde das isomorphe Gemisch aus d-Isolysergsäure-d-Isopropanolamid und l-Isolysergsäure-d-Isopropanolamid, das durch Kristallisation nicht trennbar ist, aus Aceton an Aluminiumoxyd so weit zerlegt, daß aus den extremen Fraktionen beide Komponenten rein abgeschieden werden konnten.

Mehrschichtensäule. Es wurde schon erwähnt, daß sich bei der Adsorptionsanalyse Schwierigkeiten ergeben, wenn die zu trennenden Stoffe sehr verschiedene Adsorbierbarkeit zeigen. Gewöhnlich schaltet man dann eine Vortrennung ein und teilt die erhaltenen Fraktionen adsorptiv ähnlicher Stoffe in richtig angepaßten neuen Säulen weiter auf.

Mitunter ist es jedoch bequemer oder didaktisch richtiger, die ganze Analyse in einer Säule vorzunehmen. Dies läßt sich nach A. Winterstein[266]) erreichen, wenn man in das Adsorptionsrohr übereinander mehrere Adsorptionsmittel einfüllt. Dabei muß natürlich das stärkste unten liegen und die schwächeren entsprechend der Reihenfolge ihrer Aktivitäten darüber. Das Einfüllen geschieht in der üblichen Weise; eine Trennung der Teile durch Papier, Leinwand oder Watte findet im allgemeinen nicht statt.

† Das klassische Beispiel hierfür ist die Analyse der Blattfarbstoffe in der Form, die A. Winterstein ihr gegeben hat: 3 bis 4 frische Spinatblätter werden in einem Erlenmeyer-Kolben in ein Gemisch von 45 ccm Benzin (70°), 5 ccm Benzol und 15 ccm Methanol gelegt. Nach mehrstündigem Stehen wird der fast farblose Rückstand abgesaugt und mit dem gleichen Lösungsmittelgemisch nachgewaschen. Zur Entfernung des Methanols wird die Lösung im Scheidetrichter mit Wasser unterschichtet und durch kreisende Bewegung der Hand umgeschwenkt; Schütteln hat zu unterbleiben, denn es führt zu untrennbaren Emulsionen. Der Vorgang wird fünf- bis achtmal wiederholt und die Farbstofflösung schließlich mit geglühtem Natriumsulfat getrocknet. Der Versuch mißlingt, wenn Methanol und Wasser nicht vollständig entfernt worden sind.

Zur Adsorption wird ein Rohr von etwa 18 cm Länge und 1 cm Durchmesser verwendet, das in der üblichen Weise (s. S. 73) hergerichtet ist. Auf die Watte kommt zunächst eine 2 cm hohe Schicht Aluminiumoxyd (standardisiert nach Brockmann; Merck), die gleichmäßig eingestampft wird. Darüber wird ebenso eine 4 cm hohe Schicht von Calciumcarbonat (bei 150° getrocknet), anschließend eine 6 cm hohe Säule von gesiebtem Puderzucker (exsikkatortrocken) eingefüllt. Durch den Tropftrichter läßt man dann unter schwachem Saugen Benzin (70°) in die Säule laufen und gleich anschließend die grüne Lösung. Es bilden sich alsbald verschiedene Zonen aus, von denen die obere, gelbgrüne Schicht Chlorophyll b und die folgende blaugrüne Chlorophyll a enthält. Darunter im Calciumcarbonat befindet sich eine gelbe Zone von Xanthophyll, während das orangerote Carotin erst vom Aluminiumoxyd in einer schmalen Zone festgehalten wird.

Wenn die Farbstofflösung bis auf einen geringen Rest durchgelaufen ist, wäscht man das Chromatogramm mit einem Gemisch Benzin–Benzol 4 : 1 auseinander. Sobald die Trennung vollständig ist, wird mit Petroläther (30—50°) nachgewaschen und der Überschuß davon kurz (!) abgesaugt.

Zur Elution richtet man 4 Erlenmeyer-Kölbchen (50 ccm) her, in denen sich je 20 ccm Äther und 1 ccm Methanol befinden. Gleich nach Fertigstellung wird das Chromatogramm zerlegt und die vier farbigen Zonen unmittelbar in das Elutionsmittel eingetragen. Durch Filtration erhält man die Lösungen der reinen Farbstoffe, die man spektroskopisch prüfen kann.

Chromatographische Zerlegung von Molekülverbindungen. Die Isolierung kondensierter aromatischer Kohlenwasserstoffe geschieht häufig über schwerlösliche Addukte, die diese mit aromatischen Nitroverbindungen (Trinitrobenzol, Pikrinsäure, Styphninsäure, Flaviansäure und anderen) geben. Beispielsweise werden zur Enträtselung von Teerfraktionen oder nach Dehydrierungen solche Fällungsmittel zu Hilfe genommen. Aber auch viele andere Verbindungen, Amine, Aminosäuren, Alkaloide und stark ungesättigte Stoffe geben schwerlösliche Addukte, die zur Abscheidung geeignet sind.

Als Molekülverbindungen sind diese Fällungen nicht ohne Dissoziation löslich, in jedem Lösungsmittel sind also die Ausgangsstoffe teilweise wieder vorhanden. Ist ihre Adsorbierbarkeit hinreichend verschieden, so gelingt es, die Verbindung in der Säule zu trennen, wobei das Fällungsmittel meistens adsorbiert bleibt und man womöglich so arbeitet, daß die Substanz in das Filtrat gespült wird. Die Schwerlöslichkeit der meisten dieser Addukte macht dabei eine besondere Arbeitsweise notwendig. So haben P. A. Plattner und A. St. Pfau[267]) das Azulen

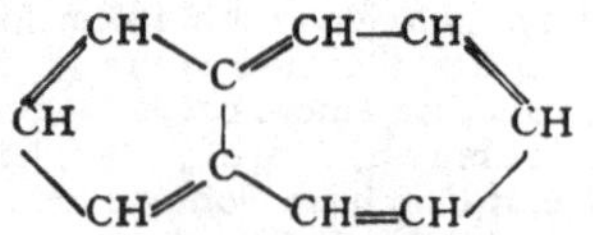

nach seiner Abscheidung als Trinitrobenzol-Verbindung folgendermaßen rein erhalten:

Das Adsorptionsrohr (1,7 cm dick) wurde 18 cm hoch mit Aluminiumoxyd (Merck, nach Brockmann) gefüllt. Hierauf wurden 40 mg Azulen-Trinitrobenzolat aufgeschüttet und mit 50 ccm Cyclohexan-Benzol 1 : 1, darauf mit 30 ccm Cyclohexan heruntergewaschen. Das Trinitrobenzol blieb als braune Zone hängen, während das Azulen durchlief. Die angegebene Menge Adsorptionsmittel genügt knapp. Ausbeute 0,137 g (92%).

Auch die natürlichen Molekülverbindungen, wie sie in den Fermenten zwischen aktiver Gruppe und Trägereiweiß vorliegen, können adsorptionsanalytisch zerlegt werden. Dabei hängt es vom Adsorptionsmittel und vom p_H-Wert der Lösung ab, ob das Ferment als ganzes adsorbiert wird, ob die prostethische Gruppe oder aber das Trägereiweiß am Adsorptionsmittel haften bleibt. So kann das gelbe Atmungsferment nach F. Weygand und L. Birkhofer[268]) aus schwach saurer Lösung an Aluminiumhydroxyd C_γ, Eisenhydroxyd und Tricalciumphosphat als ganzes adsorbiert und an diesen Adsorptionsmitteln auch chromatographisch gereinigt werden. Aus stark saurer Lösung adsorbiert Aluminiumhydroxyd C_γ nur das Trägereiweiß. Zur Spaltung unter reversibler Adsorption der Wirkgruppe (Lactoflavin-phosphorsäure) sind saure Silicate geeignet.

Zur adsorptionsanalytischen Spaltung von gelbem Ferment füllt man ein Mikro-Chromatogrammrohr von 0,5 cm Durchmesser unten mit fein gepulvertem Granosil (50 mg) und darüber mit 100 mg Frankonit SB. Man saugt zuerst Wasser durch und läßt dann, ohne zu saugen, eine Lösung von etwa 50 mg gelbem Ferment in 10 ccm 0,02 n-Salzsäure langsam, etwa binnen $1^1/_2$ Stunden, durchlaufen. Das farblose, flavinfreie Filtrat wird gegen destilliertes Wasser dialysiert. Schon 2 Stunden nach Beginn der Dialyse, nachdem die Hauptmenge der Salzsäure entfernt war, zeigte die Lösung Kupplungsvermögen gegen Lactoflavinphosphorsäure, die Wirkgruppe des Fermentes.

Beurteilung von Herkunft und Reinheit vorliegender Gemische. Im folgenden sollen einige Beispiele von Adsorptionsanalysen gegeben werden, deren Ziel nicht die präparative Darstellung einer reinen Substanz ist, sondern die Beurteilung und Identifizierung von Drogen oder Verbrauchswaren. Man stellt zu diesem Zweck mit einem geeigneten Auszug ein Chromatogramm her und vergleicht es mit dem gleichartig hergestellten Analysenbild einer Standardprobe.

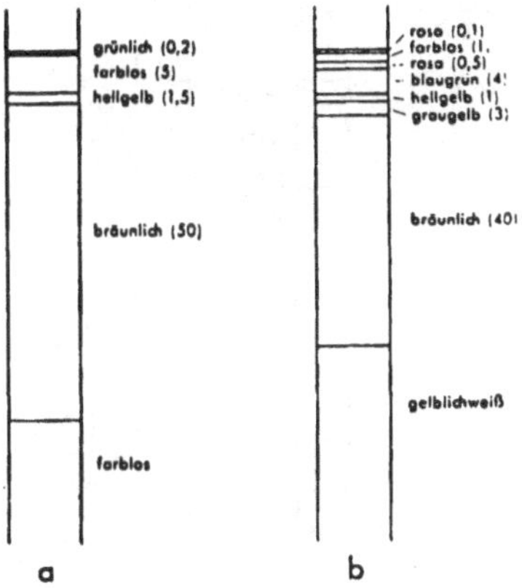

Abb. 16. Chromatogramm von ungefärbter Sommerbutter auf Al_2O_3; a) bei Tageslicht, b) bei Ultraviolettlicht. Nach H. Thaler

1. † Prüfung von Butter[269]. 20 g Butter werden in 50 ccm Benzol bei höchstens 35° gelöst und auf eine Aluminiumoxydsäule aufgegossen. Zum Waschen dienen 20 bis 30 ccm Benzol. Reine Sommerbutter gibt ein charakteristisches Säulenbild, dessen Aussehen im Tageslicht (a) und Ultraviolettlicht (b) in Abb. 16 schematisch dargestellt ist; die Zahlen geben die relativen Zonenbreiten an.

Bereits ein geringer Farbstoffzusatz ruft zum Beispiel fremde Zonen hervor und kann dadurch erkannt werden. Das Verhalten der gebräuchlichsten Fettfärbemittel im Chromatogramm geht aus einer anderen Arbeit von H. Thaler[270] hervor.

2. Beurteilung von Digitalis-Tinktur[271]. Die Extraktion der Digitalisblätter erfolgte entweder entsprechend der offizinellen Vorschrift mit absolutem Alkohol oder mit verdünntem. Die Adsorptionsanalyse gibt in beiden Fällen deutlich verschiedene Bilder, sowohl im sichtbaren (a und b) als im ultravioletten Licht (c und d) (vgl. Abb. 17).

In ähnlicher Weise haben W. Graßmann[272]) sowie W. Graßmann und O. Lang[273]) Gerbstoffextrakte im Ultraviolettlicht charakterisiert. H. A. Boekenoogen[274]) untersucht Handelsöle, H. P. Kaufmann[275]) prüft die Einheitlichkeit von Fettsäuren und Oleinen. Über Anwendungen in der Riechstoffindustrie berichtet zusammenfassend H. Vetter[276]). H. Valentin[277]) untersucht Perubalsam, H. Valentin und R. Franck[278]) Can-

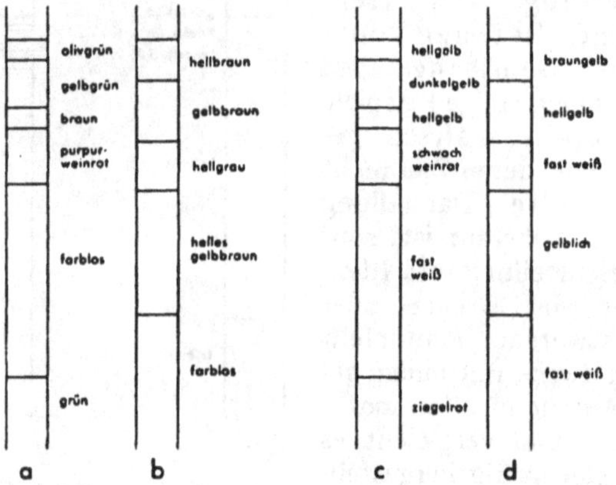

Abb. 17. Chromatogramm von Digitalis-Tinktur an Aluminiumoxyd: a) mit absolutem, b) mit verdünntem Alkohol hergestellt, im Tageslicht. c) und d) sind die gleichen Säulenbilder im ultravioletten Licht. (Nach H. Valentin)

tharidentinktur, R. Franck[279]) Oleum Hyoscyami, Vinum Condurango, Tinctura Absinthii, Tinctura Strophanthi und Tinctura Digitalis. M. Fichter[280]) untersucht weitere Extrakte und gibt ein Universal-Extraktionsverfahren an nebst eingehenden Vorschriften für die chromatographische Analyse. Eine Reihe galenischer Präparate sind ferner von K. W. Merz und R. Franck[281]), verschiedene Anthrachinondrogen an Magnesiumoxyd von P. Ernst und G. Weiner[282]) untersucht worden. Die Charakterisierung von Humusböden durch das Ultrachromatogramm geeigneter Auszüge versucht A. Hock[283]).

Auch Genußmittel wurden mehrfach untersucht. Als Beispiel soll die Prüfung von Rotwein[284]) genannt werden. Die Unterscheidung von Bohnenkaffee und Kaffee-Ersatz war im Säulenbild nicht möglich, jedoch ist im Aluminiumoxyd-Filtrat die Isolierung und Bestimmung des Coffeins sehr erleichtert[285]), so daß auch dieses Problem aus der Adsorptionsanalyse Nutzen zieht.

Die Adsorptionsanalyse bei Austauschadsorption

Es ist schon gesagt worden, daß für die Adsorption von Ionen andere Gesetze gelten als für undissoziierte Stoffe (S. 32); es ist daher zweckmäßig, diesen Fall als Ionenchromatographie oder nach seinen typischen Objekten als „anorganische Chromatographie" gesondert zu besprechen[286]).

Die Technik der anorganischen Adsorptionsanalyse ist die gleiche wie die der organischen. Insbesondere ist das Adsorptionsrohr und seine Behandlung, das Füllen, Aufgießen, Waschen und Entleeren, gleich. Als Adsorptionsmittel sind nur Stoffe geeignet, die austauschfähige Ionen der gleichen Ladung enthalten. Für Kationen hat sich gewöhnliches Aluminiumoxyd, ebenso das von Merck für die Adsorptionsanalyse gelieferte standardisierte Präparat am besten bewährt, daneben auch manche Sorten von Kieselsäuregel, Kohle und Austauschharzen. Die mit basischen Stoffen „aktivierten" Präparate (siehe S. 41) haben ein größeres Aufnahmevermögen als gewöhnliche. Für Anionen verwendet man „saures Aluminiumoxyd" oder säurebehandelte Bleicherden.

Trennung der Kationen

Der Vorgang soll im folgenden für den Fall von „basischem", natriumaluminathaltigem Aluminiumoxyd besprochen werden. Die Bindung eines Metallions aus seiner Lösung geht hier so vor sich, daß sich oberflächlich das betreffende Aluminat bildet und die äquivalente Menge Natriumion im Filtrat erscheint. Auch dieses Aluminat kann wieder zerlegt werden, wenn sich in der Lösung ein Ion befindet, dessen Aluminat noch schwerer löslich ist; das vertriebene Ion wandert aber nur so weit, bis es wieder auf unbelegtes Adsorptionsmittel trifft, an dem es von neuem festgehalten wird. Für die Zonen, die sich so bilden, gelten abweichend von der reinen Adsorptionsanalyse folgende Regeln (vgl. Tafel IV):

1. Die Zonen schließen unmittelbar aneinander.
2. Die fertig ausgebildeten Zonen wandern beim Waschen nicht weiter abwärts und verbreitern sich auch nicht mehr.
3. Die Breite der Zonen ist proportional der Menge der adsorbierten Substanz, so daß das Ausmessen der Zonenhöhen einen Überblick über die quantitative Zusammensetzung des Gemisches gibt[287]); die Genauigkeit beträgt bis zu 1%.
4. Farblose Zwischenzonen beweisen das Vorhandensein eines farblosen Ions an der betreffenden Stelle.

Nach dem Aufgießen und Einsaugen der wäßrigen Analysenlösung soll erst ein Fünftel bis ein Zehntel der Säule belegt sein. Man wäscht dann mit Wasser, bis die Zonen nicht mehr wachsen, wozu bei molaren Lösungen etwa das zehnfache Volumen notwendig ist. Hierauf folgt als neuer Arbeitsgang das Entwickeln des Chromatogramms; es bezweckt, die adsorbierten Ionen durch eine charakteristische Farbreaktion auf der Säule sichtbar zu machen und wird in der anorganischen Adsorptionsanalyse gewöhnlich mit Schwefelwasserstoffwasser, neutralem Schwefelammonium, Kaliumferrocyanid oder ähnlichen Reagentien durchgeführt, indem man deren wäßrige Lösung einfach durch die Säule hindurchsaugt (vgl. Tafel IV, Abb. 2).

Der Vorgang wird durch die sehr instruktive Trennung † $Fe^{\cdot\cdot\cdot}$—$Cu^{\cdot\cdot}$—$Co^{\cdot\cdot}$ illustriert: Durch ein mit basischem Aluminiumoxyd gefülltes Adsorptionsrohr wird die Mischlösung der drei Sulfate (1-molar) langsam hindurchfiltriert, bis etwa ein Zehntel der Säule belegt ist; dann wird mit destilliertem Wasser gewaschen. Man erhält zuoberst eine braune Zone von Eisen (III), darunter eine blaue Kupferzone und dann eine rosa Zone von Kobalt. Die drei Zonen schließen unmittelbar aneinander. Wenn die Lösung freie Säure enthalten hat, ist über dem Eisen noch eine farblose Zone von H-Ion. Zur sicheren Identifizierung wird anschließend eine Lösung von Kaliumferrocyanid durch die Kolonne gesaugt (Entwicklung). Die oberste Zone wird nun blau, die Kupferzone braun und die Kobaltzone grünlich.

Durch eine große Anzahl von Trennungen binärer Gemische haben Schwab und Jockers[288]) für die wichtigsten Kationen auf Aluminiumoxyd folgende Reihenfolge aufgestellt:

$$\begin{array}{ccccccc} & & & & \mathrm{Cr}^{\cdot\cdot\cdot} & & \\ \mathrm{H}^{\cdot}— & \mathrm{As}^{\cdot\cdot\cdot}— & \mathrm{Sb}^{\cdot\cdot\cdot}— & \mathrm{Bi}^{\cdot\cdot\cdot}— & \mathrm{Fe}^{\cdot\cdot\cdot}— & \mathrm{UO_2}^{\cdot\cdot}— & \mathrm{Pb}^{\cdot\cdot}— \\ & & & & \mathrm{Hg}^{\cdot\cdot} & & \end{array}$$

$$\begin{array}{cccccc} & & & \mathrm{Fe}^{\cdot\cdot} & & \\ \mathrm{Cu}^{\cdot\cdot}— & \mathrm{Ag}^{\cdot}— & \mathrm{Zn}^{\cdot\cdot}— & \mathrm{Cd}^{\cdot\cdot}— & \mathrm{Tl}^{\cdot}— & \mathrm{Mn}^{\cdot\cdot} \\ & & & \mathrm{Co}^{\cdot\cdot} & & \\ & & & \mathrm{Ni}^{\cdot\cdot} & & \end{array}$$

in der das Wasserstoffion am festesten (ganz oben in der Säule), Mangan am schwächsten gebunden wird. Übereinandergedruckte Ionen geben nicht oder nur undeutlich getrennte Mischzonen. Die Reihenfolge ist unabhängig vom Anion, sofern sich keine Komplexe bilden können. Da diese Bedingung selten streng erfüllt ist, tut man gut, die Analysensubstanz mit Schwefelsäure abzurauchen; unbedingt nötig ist das, wenn die Zonenlängen quantitativ ausgewertet werden sollen.

Andere Adsorbentien als Aluminiumoxyd, zum Beispiel 8-Oxy-Chinolin, können eine andere Reihenfolge ergeben (siehe unten).

Mit Hilfe der feststehenden Rangordnung ist nun auch die Enträtselung komplizierter Gemische möglich. Ionen, die nach der Entwicklung gleich gefärbte Zonen geben, können an ihrer relativen Lage zu bekannten Elementen identifiziert werden. In Zweifelsfällen wird man sich durch die absichtliche Zugabe eines benachbarten Ions als „Indikator" Klarheit verschaffen.

† Beispiel: $\mathrm{Pb}^{\cdot\cdot}$—$\mathrm{Ag}^{\cdot}$—$\mathrm{Zn}^{\cdot\cdot}$—$\mathrm{Cd}^{\cdot\cdot}$—$\mathrm{Mn}^{\cdot\cdot}$. Die Nitrate obiger Elemente werden zusammen in Wasser gelöst, das unsichtbare Chromatogramm auf basischem Aluminiumoxyd mit der zehnfachen Menge Wasser gewaschen und mit einer Ammonsulfidlösung, die vollständig mit Schwefelwasserstoff gesättigt sein muß, entwickelt. Man erhält fünf scharf getrennte Zonen: schwarz, grau, weiß, gelb, fleischfarben (mitunter grün). $\mathrm{Pb}^{\cdot\cdot}$ identifiziert man in Indikatorversuchen durch seine Stellung oberhalb Kupfer, jedoch unter Eisen (III); $\mathrm{Ag}^{\cdot}$ erkennt man an der Verfärbung der unentwickelten Säule im Tageslicht. $\mathrm{Zn}^{\cdot\cdot}$ gibt das einzige farblose Sulfid zwischen $\mathrm{Ag}^{\cdot}$ und $\mathrm{Cd}^{\cdot\cdot}$. Letzteres kann wegen seiner Stellung nicht mit anderen gelben Sulfiden ($\mathrm{As}^{\cdot\cdot\cdot}$, $\mathrm{Sn}^{\cdot\cdot\cdot\cdot}$) verwechselt werden.

Eine Schwäche der Methode liegt zweifellos in den untrennbaren Gemischen, die an zwei Stellen vorkommen, nämlich $\mathrm{Cr}^{\cdot\cdot\cdot}$—$\mathrm{Fe}^{\cdot\cdot\cdot}$—$\mathrm{Hg}^{\cdot\cdot}$ und $\mathrm{Ni}^{\cdot\cdot}$—$\mathrm{Co}^{\cdot\cdot}$—$\mathrm{Cd}^{\cdot\cdot}$—$\mathrm{Fe}^{\cdot\cdot}$. Hier führt der Zusatz komplexbildender Anionen noch einen Schritt weiter. Aus stark ammoniakalischer Lösung erhält man zum Beispiel folgende Reihenfolge:

$$Co^{\cdot\cdot}—Zn^{\cdot\cdot}—\begin{matrix}Cd^{\cdot\cdot}\\ \\ Cu^{\cdot\cdot}\end{matrix}—Ni^{\cdot\cdot}—Ag^{\cdot}.$$

Die Trennung von Kobalt und Nickel, die aus wäßriger Lösung unmöglich ist, gelingt nun anstandslos. Nach Zusatz von überschüssigem basischem Tartrat ergibt sich:

$$Pb^{\cdot\cdot}—Cu^{\cdot\cdot}—Bi^{\cdot\cdot\cdot}—Fe^{\cdot\cdot\cdot}—Cr^{\cdot\cdot\cdot},$$

wodurch die Trennung von Eisen und Chrom möglich wird.

† Beispiel: Trennung $Co^{\cdot\cdot}—Zn^{\cdot\cdot}—Ni^{\cdot\cdot}$. Die Nitrate werden in überschüssigem konzentriertem Ammoniak gelöst, auch die Aluminiumoxydsäule mit Ammoniak vorgespült. Zink wird zweckmäßig im Überschuß angewandt. Beim Waschen mit konzentriertem Ammoniak bleibt oben die braune Kobaltzone, es folgt ein farbloses Gebiet ($Zn^{\cdot\cdot}$) und dann das Adsorpt von Nickel. Die Entwicklung mit farblosem Ammonsulfid gibt zwei schwarze Zonen, die durch eine farblose getrennt sind. Durch Zerlegen der Säule in der Zinkzone ist eine leichte und sichere Trennung der beiden ähnlichen Elemente möglich.

Trotz dieser und weiterer Kunstgriffe ist es kaum möglich, eine vollständige anorganische Analyse chromatographisch durchzuführen. G.-M. Schwab und A. N. Ghosh[289]) konnten aber zeigen, daß das Adsorptionsverfahren in Kombination mit der üblichen Gruppentrennung sehr vorteilhaft angewendet werden kann. So können in der Salzsäuregruppe $Hg^{\cdot}—Pb^{\cdot\cdot}—Ag^{\cdot}—Tl^{\cdot}$ alle Bestandteile leicht erkannt werden, wenn kein Quecksilber anwesend ist. Die Schwefelammoniumgruppe $Fe^{\cdot\cdot\cdot}—Cr^{\cdot\cdot\cdot}—UO_2^{\cdot\cdot}—Al^{\cdot\cdot\cdot}—Zn^{\cdot\cdot}—Co^{\cdot\cdot}—Ni^{\cdot\cdot}—Mn^{\cdot\cdot}$ kann in einem Chromatogramm analysiert werden, wobei nur die Unterscheidung von Zink und Aluminium unmöglich bleibt. Man geht folgendermaßen vor:

† Die wäßrige Mischlösung der oben genannten Elemente als Nitrate, Chloride oder Sulfate wird an basischem Aluminiumoxyd adsorbiert, mit Wasser gewaschen und mit Ammoniak entwickelt. Um das unsichtbare Mangan durch Oxydation sichtbar zu machen, saugt man einige Zeit Luft durch die fertig gewaschene Säule. Man erhält dann folgendes Bild:

Oben:	braune Zone	$Fe^{\cdot\cdot\cdot}$
	grüne Zone	$Cr^{\cdot\cdot\cdot}$
	gelbe Zone	$UO_2^{\cdot\cdot}$
	weiße Zone	$Zn^{\cdot\cdot}$ oder $Al^{\cdot\cdot\cdot}$
	rosa bis rötlich-gelbe Zone	$Co^{\cdot\cdot}$
↓	blaugrüne Zone	$Ni^{\cdot\cdot}$
Unten:	tiefbraune Zone	$Mn^{\cdot\cdot}$

In der Schwefelwasserstoffgruppe sind nur Teiltrennungen durchführbar und bei den Erdalkalien und Alkalien versagt die Adsorptionsanalyse vollständig. Immerhin ist die bequeme Aufteilung der Schwefelammongruppe ein beachtlicher Erfolg.

Eine bemerkenswerte Weiterbildung des Schwabschen Verfahrens besteht darin, Oxin (8-Oxy-chinolin) als Adsorbens zu nehmen[290]), das bekanntlich mit vielen Ionen charakteristisch gefärbte Fällungen gibt und daher das Entwickeln spart. Aus neutraler wäßriger Lösung erhält man folgende Reihenfolge und Färbungen:

Oben:	grün	$Cu^{\cdot\cdot}$
	gelb	$Bi^{\cdot\cdot\cdot}$
	grün	$Ni^{\cdot\cdot}$
	rötlich	$Co^{\cdot\cdot}$
	gelb, grüne Fluoreszenz	$Zn^{\cdot\cdot}$
↓	schwarz	$Fe^{\cdot\cdot\cdot}$
Unten:	rotorange	$UO_2^{\cdot\cdot}$

H. Flood[291]) ersetzt die Säule durch Papierstreifen, die mit dem Adsorptionsmittel imprägniert sind (vgl. S. 77).

Die Empfindlichkeit des adsorptionsanalytischen Nachweises ist bei vielen Ionen erstaunlich hoch. So läßt sich nach G.-M. Schwab und A. N. Ghosh[292]) in einem 1 mm weiten und 12 cm langen Mikrorohr Eisen noch mit einer Erfassungsgrenze von 0,01 γ nachweisen; für viele andere Ionen ist die Leistung der Methode bei geeigneter Entwicklung von der gleichen Größenordnung. Eine Zusammenstellung der Empfindlichkeiten für die wichtigsten Ionen findet sich in der genannten Arbeit.

Der Hauptwert der anorganischen Chromatographie liegt daher auch im Nachweis spurenhafter Verunreinigungen. Die reinsten Handelspräparate fast aller anorganischen Salze enthalten Eisen, oft auch Blei, Aluminium, Kupfer oder freie Säure, die auf diese Weise nachgewiesen werden können. Durch die

Filtration ihrer Lösungen über eine Schicht „basisches" Aluminiumoxyd gelingt in einfachster Weise die präparative Entfernung aller Beimengungen, die stärker adsorbiert werden; freilich tritt im Austausch dafür Natrium ein, das aber, wo es stört, leicht abtrennbar sein dürfte.

Trennung der Anionen

Um Anionen festzuhalten oder zu trennen[293]), braucht man vor allem ein Säulenmaterial, das ein permutierendes Anion enthält. Eine solche „saure Säule" erhält man zum Beispiel, wenn man durch eine Säule mit gewöhnlichem (basischem) Aluminiumoxyd 1 n-Salpetersäure oder Salzsäure hindurchsaugt, bis das Filtrat kongosauer reagiert (etwa 1,5 ccm für jedes Gramm Adsorptionsmittel), und dann mit destilliertem Wasser nachwäscht. Eine so behandelte Adsorptionssäule verhält sich gerade umgekehrt wie eine gewöhnliche: Sie läßt die Kationen durchlaufen und adsorbiert die Anionen in der charakteristischen Reihenfolge:

$$OH'—PO_4'''—F'—\begin{matrix} Fe(CN)_6'''' \\ CrO_4'' \end{matrix}—SO_4''—\begin{matrix} Fe(CN)_6''' \\ Cr_2O_7'' \end{matrix}—$$

$$Cl'—NO_3'—MnO_4'—ClO_4'—S''.$$

† Beispiel für die Umstimmung einer Säule: Durch gewöhnliches (basisches) Aluminiumoxyd läßt man eine Lösung von Kaliumchromat filtrieren und wäscht mit Wasser nach. Die gelbe Zone läuft rasch und völlig durch, da für das CrO_4''-Ion kein Austauschion vorhanden ist. Nun gießt man Überchlorsäure oder Salpetersäure durch die gleiche Säule, bis der Ablauf sauer reagiert, wäscht mit Wasser den Überschuß fort und wiederholt den Versuch mit dem Chromat. Nun wird die gelbe Zone dauernd festgehalten und ist mit Wasser nicht nach unten zu waschen. Nach der Entwicklung mit Silbernitrat kann man sogar CrO_4'' und Cr_2O_7'' unterscheiden.

Zum Entwickeln können sinngemäß Lösungen von Kationen dienen. Die Auswahl von solchen, die mit Säureionen charakteristisch gefärbte Salze bilden, ist allerdings nur gering. Das beeinträchtigt den analytischen Wert der Anionen-Chromatographie erheblich.

Der Ionenaustausch

O. Samuelson[294]) hat darauf hingewiesen, daß die analytische Chemie auch aus dem quantitativen Austausch eines störenden Ions gegen ein weniger schädliches Nutzen ziehen kann. Er nennt als Beispiel die quantitative Analyse $Fe^{\cdot\cdot\cdot}$—$Mg^{\cdot\cdot}$—PO_4'''—SO_4'', bei der sowohl die Bestimmung des Magnesiums wie die des Sulfats erhebliche Schwierigkeiten macht. Könnte man diese Lösung aufteilen in zwei Lösungen, von denen die eine nur Eisen und Magnesium als Chloride, die andere freie Phosphorsäure und Schwefelsäure enthält, so wären alle Schwierigkeiten behoben. Dies läßt sich nun, wie gezeigt wird, mit Hilfe geeigneter Austauschharze erreichen.

Filtriert man obige Analysenlösung durch einen $H^{\cdot}$-Austauscher und wäscht gut nach, so erhält man im Filtrat den ganzen Anionenbestand in Form der freien Säuren. Wäscht man den Austauscher hernach mit genügend Salzsäure aus, so werden ihm die gebundenen Kationen wieder entzogen und finden sich als Chloride im Filtrat. Die Methode wurde zwar nicht an diesem komplizierten Beispiel geprüft, aber an einfachen Salzen mit zwei Ionen wurde sie in mehreren Fällen brauchbar gefunden. Praktische Anwendungen, die der gleiche Autor ausgearbeitet hat, betreffen die SO_4''-Bestimmung in Aluminiumsulfat, die Bestimmung von Alkalimetallen in Vanadinkatalysatoren[295]), die Schwefelbestimmung in Pyrit (Abscheidung von $Fe^{\cdot\cdot\cdot}$[296]) sowie die Bestimmung von $Fe^{\cdot\cdot\cdot}$, $Al^{\cdot\cdot\cdot}$, PO_4''' [297]) nebeneinander.

Störungen bei der Filtration von Analysenlösungen

Cellulose enthält wechselnde, zum Teil recht erhebliche Mengen von freien Carboxylgruppen, die natürlich auch in dem daraus hergestellten Filtrierpapier vorhanden sind. In sehr unliebsamer Weise zeigt sich dies, worauf A. Schleicher kürzlich hinwies[298]), bei der üblichen Bestimmung des Sulfat-Ions als Bariumsulfat. Bei der Filtration der Fällungslösung, die ja überschüssiges Bariumchlorid enthält, wird von dem verwendeten Filtrierpapier häufig Barium-Ion auf dem Austauschwege festgehalten; dieses gelangt nach der Veraschung des Filters mit zur Wägung und man erhält dadurch zu hohe Werte. Spült man die Filter jedoch vorher mit mäßig konzentrierter Salzsäure (wodurch man die Austauschstellen mit dem sehr fest haftenden H-Ion besetzt) und wäscht dann mit heißem Wasser aus, so ist die Störung nicht zu befürchten. Ähnliche Beobachtungen hat E. Asmus[299]) an Lösungen von Eisenkomplexsalzen gemacht, die zur colorimetrischen Bestimmung von $Fe^{\cdot\cdot\cdot}$ dienen sollten. Hier existiert, da sowohl das Eisenion wie der Komplexbildner (Phenanthrolin, Dipyridyl) adsorbiert werden können, ein p_H-Wert, bei dem die Störung am geringsten ist. Glasfilter zeigen den Fehler nicht.

Austauschchromatographie in der organischen Chemie

Wenn bei der Ionenadsorption bisher nur von anorganischen Stoffen die Rede war, so hat das seinen Grund darin, daß diese wohl ausschließlich durch Austausch adsorbiert werden und die Gesetze daher am klarsten erkennen lassen. Daß aber auch viele organische Stoffe, die in Ionen zerfallen können, Austauschadsorption zeigen, ist schon erwähnt worden. Ich möchte annehmen, daß fast alle Adsorptionen aus wäßriger Lösung an hydrophile Adsorbentien Ionen-Austausch-Adsorptionen sind.

W. Koschara[300]) hat eine Reihe von Gesichtspunkten zusammengestellt, die er bei der Adsorption saurer organischer Stoffe aus wäßriger Lösung gewonnen hat. Als Adsorptionsmittel wählte er technische Bleicherden, die wegen der geringen Filtriergeschwindigkeit in flacher breiter Schicht, oft in einer gewöhnlichen Filtriernutsche, zur Verwendung kamen. Entscheidend für das Adsorptionsverhalten ist der p_H-Wert des Milieus; er wurde durch Pufferlösungen eingestellt und konstant gehalten. Hierfür haben sich Phosphat- und Boratpuffer nach Sörensen bewährt, weniger Ammoniak-Ammonchloridpuffer. Alkaliacetatpuffer sind zu vermeiden. Alkalischer als $p_H = 11$ darf die Lösung nicht sein, weil das Adsorbens dann zersetzt wird; neutrale Bleicherden dürfen auch nicht mit sauren Lösungen zusammenkommen, weil sie mit diesen Kohlendioxyd entwickeln können, das die Säule zerstört.

Durch Vorversuche ermittelt man das p_H, bei dem Adsorption stattfindet, und wählt den Puffer danach aus. Mit diesem Puffer wird das Adsorbens reichlich vorgespült und die Lösung hergestellt. Auch das Waschen geschieht mit dem Lösungspuffer oder einem ähnlichen. Zur Elution verwendet man Pufferlösungen anderer Zusammensetzung, die auszuprobieren sind, oft auch Essigsäure oder Pyridin.

Beispielsweise wurde rohes Uropterin, ein mit den Purinen verwandter Farbstoff aus Harn, folgendermaßen gereinigt: 90 g Frankonit KL werden mit 250 ccm Phosphatpuffer vom $p_H = 7,6$ verrührt und der Schlamm bei ganz schwachem Saugen auf eine horizontal ausgerichtete Nutsche (Wasserwaage!) vom Durchmesser 12,3 cm aufgegossen; vor dem Aufgießen soll er mindestens eine Stunde gestanden haben. Nach Ausbildung der Adsorberschicht wird die Lösung des Farbstoffs (aus 5000 Liter Harn) in 500 ccm des Puffers aufgegossen. Man saugt anfangs mit einem Unterdruck von 5 cm Wassersäule, der allmählich gesteigert werden kann. Nach dem Durchlaufen der Farbstofflösung wird mit 250 ccm Phosphatpuffer ($p_H = 7,6$) und dann mit 800 ccm sekundärem Natriumphosphat ($^1/_{15}$ molar, $p_H = 8,3$) gewaschen. Dadurch wird nur wenig Begleitstoff entfernt, doch ist das intensive Waschen notwendig, da die Säule nur so richtig ausgebildet wird.

Nun eluiert man mit Boratpuffer ($p_H = 9,2$). Wenn etwa 300 ccm durchgeflossen sind, erscheint im Filtrat der erste Farbstoff. Die Abgrenzung der Uropterinfraktion (ca. 200 ccm) von nachfolgenden anderen Farbstoffen ist schwierig. Sie ist ihnen gegenüber ausgezeichnet durch ihre größere Leuchtkraft im Tageslicht und durch die Stärke der roten Fluoreszenz unter der Quarzlampe. Beim Stehen in Eis kristallisierten über Nacht gelbe Warzen aus: ein Salz des Farbstoffs mit einem Bestandteil der Bleicherde (30 mg). Der freie Farbstoff wurde hieraus durch Zerlegung mit Natronlauge, Fällung als Silbersalz und dessen Spaltung mit Salzsäure erhalten.

Der Einfluß des p_H-Wertes ist außerordentlich groß; oft hat schon eine Verschiebung um 0,3 Einheiten die Vertauschung zweier Zonen zur Folge. Besondere Beachtung verdient er bei amphoteren Stoffen wie etwa den Aminosäuren, die unter richtig gewählten Bedingungen quantitativ in Untergruppen aufgeteilt werden können. So lassen sich Monoaminosäuren von Diaminosäuren scheiden und von diesen läßt sich wieder das Arginin abtrennen[301]).

25 g Filtrol-Neutrol (H. Bensmann, Bremen) wurden in m/6 KH_2PO_4-Lösung suspendiert und auf einer Fritte (Schott 17 G 2) nach halbstündigem Stehenlassen durch schwaches Ansaugen eine feste Schicht ausgebildet. Danach wurden etwa 25 mg Arginin und 25 mg Lysin in je 5 ccm Wasser aufgegeben und mit der Phosphatlösung bis eben zum Eintreten einer Ninhydrinreaktion in den ablaufenden Anteilen des Filtrats (ca. 100 ccm) gewaschen. Dann wurde die Vorlage gewechselt und mit etwa 200 ccm m/6 KH_2PO_4 alles Lysin eluiert. Der nun folgende Zwischenlauf war frei von Aminosäuren. Das Arginin wurde mit 100 ccm einer Mischung von

500 ccm 1 n-Schwefelsäure, 100 ccm Pyridin und 400 ccm Wasser eluiert, mit Bariumcarbonat entsäuert und die zentrifugierte Lösung im Vakuum eingeengt. Bei der Analyse der beiden Fraktionen wurden 98% des Lysins und 99% des Arginins wiedergefunden.

Selbst bei der Reinigung hochempfindlicher Substanzen leistet die Austauschadsorption ähnlich wertvolle Dienste wie die wahre Chromatographie. Erwähnt seien hier Fermentpräparate [Lab[302]), Emulsin[303])] und das Bewegungshormon der Sinnpflanze Mimosa pudica[304]). Die Beurteilung des Säulenbildes im Ultraviolettlicht war auch hierbei erfolgreich.

Außer diesen Abscheidungs- und Reinigungsaufgaben ist häufig auch die Umwandlung in andere Salze von präparativem Wert. Zum Beispiel läßt sich ein Alkaloidsalz in ein anderes umwandeln, etwa ein Chlorhydrat in ein Perchlorat, wenn man seine Lösung durch eine mit Überchlorsäure beladene Austauschsäule (Aluminiumoxyd) filtriert. H. Wieland, H.-J. Pistor und K. Bähr[305]) erhielten aus dem β-Anthrachinon-sulfonat eines Curarealkaloids das Chlorhydrat in folgender Weise:

78 mg Anthrachinonsulfonat wurden in einem Gemisch von 80 ccm Wasser und 20 ccm Aceton in der Siedehitze gelöst und durch eine mit Salzsäure vorbehandelte Säule von 12 g Aluminiumoxyd gegossen. Im oberen Teil der Säule blieb ein gelber Ring von Anthrachinon-β-sulfonsäure hängen. Das schwach gelb gefärbte Filtrat wurde im Vakuum eingedampft. Das Chlorhydrat kristallisiert aus absolutem Alkohol in kleinen Stäbchen.

An einer „basischen" Säule erhält man das freie Alkaloid.

In seltenen Fällen sind solche Umwandlungen nicht vollständig und ein einheitliches Material gibt dann zwei Zonen, deren eine dem Salz, die andere der freien Base zugehört[306]). Dies ist bei Reinheitsprüfungen zu bedenken.

Elektrophorese durch Adsorptionsmittelschichten

H. H. Strain[307]) empfiehlt die Kombination der Tswettschen Analyse mit der Elektrophorese derart, daß auf das Waschen verzichtet wird und man stattdessen die Wanderung der (geladenen) Teilchen durch das Adsorptionsmittel durch Anlegen einer elektrischen Spannung an den Enden der Säule erreicht. Es ist einleuchtend, daß die trennende Wirkung einer solchen Anordnung größer sein kann als bei der einfachen Adsorptionsanalyse, da die Bestandteile des Gemisches nach zwei Seiten auseinander wandern können. Der Elektrophorese ist die Anordnung schon dadurch überlegen, daß die Isolierung einzelner Bezirke des Adsorptionsmittels viel bequemer möglich ist als bei einer Flüssigkeit. Darüber hinaus wurde durch den Vergleich mit nicht adsorbierenden Füllstoffen gezeigt, daß auch die gleichnamig geladenen Teilchen durch die Adsorption noch weiter dispergiert werden.

Die Anordnung besteht aus einem Adsorptionsrohr von 13 bis 23 cm Länge und 2 bis 3 cm Durchmesser, das am untersten Ende einen spiralig aufgerollten, locker mit Watte bedeckten Draht als Elektrode trägt. Das Rohr wird mit dem Adsorptionsmittel gefüllt; als solches nahm Strain gewöhnlich ebenfalls Watte oder Kieselgur, mitunter vermischt mit Talk. Das hergerichtete Rohr wird auf eine Saugflasche aufgesetzt und mit Wasser gefüllt. Dann wird die Mischung aufgegossen und eingesaugt; bei gefärbten Substanzen sieht man nun im oberen Teil der Kolonne ein ziemlich einheitliches Band adsorbierter Substanz. Das Saugen wird nun eingestellt. Oben auf die Säule wird eine zweite Elektrode aufgesetzt, mit Wasser bedeckt und an beide Elektroden eine Spannung von 175 bis 200 Volt angelegt; dabei stellt sich ein Strom von 0,5 bis 2 Milliampère ein. Wegen der elektro-osmotischen Wanderung des Wassers, die gewöhnlich zur Kathode hin geht, wird der negative Pol oben hin gelegt und nötigenfalls durch schwaches Saugen oder durch Druck von oben die Säule naß gehalten. Man kann das Chromatogramm zum Schluß aufteilen oder auch das Durchlaufverfahren (S. 95) anwenden.

Die Methode ist bisher nur an verschiedenen Farbstoffgemischen, zum Beispiel Aminoazobenzol–Indigocarmin, Methylorange–Methylrot, Pikrinsäure–Methylorange und anderen erprobt worden. Sie verspricht besonders in der Analyse der amphoteren Naturstoffe, Eiweiße und Fermente nützlich zu werden.

Quantitative adsorptionsanalytische Methoden

Gleich nach ihrer Wiederentdeckung begann man die Tswett-Analyse zum Bestandteil von quantitativen Bestimmungsmethoden zu machen. Ihr fällt dabei die Aufgabe zu, die fraglichen Stoffe anzureichern oder zu reinigen; die eigentliche Bestimmung wird dann im Elut nach den üblichen Methoden durchgeführt, wobei kolorimetrische vorherrschen. Die Ausmessung der Zonenbreite gibt, wie schon Tswett fand, bei unpolaren Stoffen keine brauchbaren Werte. Bei reiner Ionenadsorption ist eine Mengenabschätzung aus den Zonenbreiten durchaus möglich (S. 108, vgl. auch die Abbildungen im Tafelanhang).

Die älteste quantitative Methode ist die Bestimmung von Carotinoiden nach R. Kuhn und H. Brockmann[308]). Sie ist für die meisten anderen Verfahren vorbildlich gewesen und soll deshalb im folgenden eingehend beschrieben werden, zumal einige dieser Stoffe als Provitamin A allgemeines Interesse verdienen. Der Hergang ist kurz folgender: Zunächst wird durch Entmischungsverfahren zwischen Lösungsmitteln die Unterteilung in zwei Gruppen erreicht, von denen die eine Kohlenwasserstoffe (Carotine, Lycopin) und Ester (Physalien, Helenien), die zweite Alkohole und Ketone (Lutein, Zeaxanthin, Taraxanthin, Violaxanthin) enthält. Die erste Gruppe wird durch Verseifung der Ester weiter aufgeteilt. Die verbleibenden Gemische in allen drei Gruppen werden aus Benzinlösung adsorptionsanalytisch weiter zerlegt und die nötigenfalls eluierten Farbstoffe im Kolorimeter mit einer Standardlösung verglichen.

1. Extraktion und erste Entmischung. 0,1 bis 0,2 g feingepulvertes, getrocknetes Pflanzenmaterial werden mit insgesamt 40 bis 50 ccm absolutem Methanol, danach mit 40 bis 50 ccm Benzin (70—80°), die man in kleinen Anteilen zusetzt, in einer Porzellanreibschale gründlich verrieben. Bei frischem (tierischem) Material setzt man Quarzsand zu. Das zurückbleibende Pulver darf unter der Lupe keine gefärbten Teilchen mehr aufweisen. Die Extrakte werden quantitativ durch eine Glassinternutsche in einen zylindrischen, graduierten Scheidetrichter übergeführt, worauf durch so viel Wasser (4—5 ccm) entmischt wird, daß das Methanol 10% davon enthält. Nach kräftigem Durchschütteln wartet man die saubere Trennung der Schichten ab. Die untere läßt man in einen zylindrischen Scheidetrichter von 200 ccm fließen und wäscht die Benzinschicht 2- bis 3-mal mit etwas 90-prozentigem Methanol vorsichtig nach, bis dieses farblos bleibt. Um der Methanolschicht kleine Mengen von Carotin, Lycopin oder von Xanthophyllestern zu entziehen, wird sie 1- bis 2-mal mit einigen Kubikzentimetern Benzin durchgeschüttelt. Das vorsichtig abgetrennte Benzin wird in einem kleinen Scheidetrichter 2- bis 3-mal mit 90-prozentigem Methanol gewaschen und mit der Hauptbenzinlösung vereinigt. Das zum Auswaschen verwendete Methanol wird zur Hauptmenge der Methanollösung gegeben.

2. Verarbeitung der Alkoholphase. Ist die Alkoholschicht durch Chlorophyll grün gefärbt, so wird sie mit 10 ccm 2 n-Natronlauge versetzt und 2 bis 3 Stunden bei Zimmertemperatur aufbewahrt. Anwesenheit von Flavonen zeigt sich durch gelbe bis rotgelbe Verfärbung nach dem Zusatz der Lauge an. Nach beendeter Verseifung des Chlorophylls wird mit etwas Benzin versetzt, mit Wasser auf das doppelte Volumen verdünnt und kräftig durchgeschüttelt. Zeigt die Lösung Neigung zur Bildung von Emulsionen, so wird noch etwas 2 n-Natronlauge zugegeben. Mehrmaliges Nachextrahieren mit Benzin entzieht der wäßrig-alkoholischen Schicht alles Xanthophyll. Die vereinigten Benzinextrakte werden gründlich (5- bis 6-mal) mit Wasser gewaschen und in einem Meßkolben auf ein für die Kolorimetrie geeignetes Volumen gebracht. Die Benzinschicht muß sehr sorgfältig gewaschen werden, weil schon Spuren von Methanol die Adsorptionsanalyse stören.

Der Extrakt kann Lutein, Zeaxanthin, Violaxanthin, Taraxanthin und eventuell noch andere Xanthophylle enthalten. Zur Abtrennung des Violaxanthins vom Lutein und Zeaxanthin werden Adsorptionsröhren verwendet, die etwa 12 cm lang und 8—10 mm weit sind und 7 cm hoch mit scharf getrocknetem Calciumcarbonat (gefällt, E. Merck) gefüllt werden. Bei geringem Unterdruck wird die Xanthophyllösung (eventuell ein aliquoter Teil davon) durch das Adsorptionsrohr gesaugt. Ist die Lösung in die Adsorptionsschicht eingesickert, so wird mit reinem Benzin nachgewaschen, wobei darauf zu achten ist, daß das Calciumcarbonat stets vom Benzin bedeckt bleibt. Lutein und Zeaxanthin wandern als verwaschene goldgelbe Zonen ziemlich rasch durch die Säule, während Violaxanthin in einem scharfen Ring hängen bleibt. Ist alles Lutein oder Zeaxanthin durchgelaufen, so wird das Filtrat auf ein bestimmtes Volumen aufgefüllt und kolorimetriert. Um eine zu große Verdünnung dieser Farbstoffe zu vermeiden, kann man auch in den untersten Teil des Adsorptionsrohrs etwas Fasertonerde einfüllen, die sie stark adsorbiert. Die Kolorimetrie geschieht dann nach der Elution mit Benzin, das 1% Alkohol enthält. Zur weiteren Charakterisierung der Fraktion dient die Messsung der Absorptionsbanden.

Das Violaxanthin wird mit alkoholhaltigem Benzin vom Calciumcarbonat abgelöst und kolorimetrisch bestimmt. Die Fraktion wird außerdem auf positiven Ausfall der Salzsäurereaktion (25% HCl) geprüft.

3. Verarbeitung der Benzinphase. Um die Xanthophyllester zu verseifen, wird die Benzinschicht von der ersten Entmischung mit dem gleichen Volumen alkoholischer Kalilauge (5 g KOH in 100 ccm 96-prozentigem Alkohol) vermischt und 3 Stunden bei 40° im Brutschrank aufbewahrt. Mischt sich die Lauge nicht vollständig mit dem Benzin, so muß noch etwas absoluter Alkohol zugefügt werden. Nach beendigter Verseifung wird mit so viel Wasser entmischt, daß die alkoholische Schicht 20% davon enthält. Unter diesen Bedingungen gehen keine nennenwerten Mengen Carotin oder Lycopin in die untere Phase. Die Benzinschicht wird abgetrennt und mit 90-prozentigem Methanol mehrmals gewaschen, bis

dieses farblos ist. Das Chlorophyll, das bei der ersten Verteilung zum Teil mit ins Benzin gegangen ist, gelangt nun in den Alkohol, aus dem die Xanthophylle in der beschriebenen Weise nach dem Verdünnen mit Wasser durch Benzin ausgeschüttelt und der Adsorptionsanalyse unterworfen werden können.

Die Benzinschicht der zweiten Verteilung enthält Carotin und Lycopin, deren Trennung durch Adsorptionsanalyse der sorgfältig gewaschenen Benzinlösung vorgenommen wird. Als Adsorptionsmittel dient in diesem Fall eine Mischung von 10 Teilen Fasertonerde und 40 Teilen Aluminiumoxyd. Die Trennung wird in genau derselben Weise vorgenommen wie bei den Xanthophyllen. Das Carotin läuft beim Nachwaschen mit Benzin bedeutend schneller durch die Säule als das Lycopin, das als leuchtend roter Ring nur langsam wandert. Das Lycopin wird nach quantitativem Durchwaschen des Carotins mit Benzin, das 1% Äthylalkohol enthält, eluiert.

4. Kolorimetrie. Als Standard diente eine Lösung von 14,5 mg reinstem Azobenzol in 100 ccm 96-prozentigem Alkohol; die damit farbgleichen Carotinoidlösungen enthalten in 1 ccm Benzin (70 bis 80°) die Farbstoffmengen F (mg):

F (mg)	Farbstoff	Absorptionsbanden	
0,00235	α-Carotin	478	447,5
0,00235	β-Carotin	484	451
0,00252	Lutein	477,5	447,5
0,00252	Zeaxanthin	483,5	451
0,0027	Taraxanthin	472	443
0,0027	Violaxanthin	472	443
0,0046	Helenien	477	447,5
0,0046	Physalien	483	451

Für Lycopin wurde eine 10-mal konzentriertere Azobenzollösung (145 mg in 100 ccm 96-prozentigem Alkohol) verwendet; der Farbwert ist dann $F = 0{,}0078$ mg, die charakteristische Absorption liegt bei = 506, 474, 445 mμ.

Der Vergleich der Farbstärken erfolgte in einem Mikrokolorimeter (F. Hellige, Freiburg i. Br.), dessen Gefäße 1 ccm fassen. Man muß die Verdunstung des Lösungsmittels nach Möglichkeit einschränken und die Konzentration der Analysenlösung so wählen, daß sich nicht mehr als die doppelte und nicht weniger als die halbe Schichthöhe der Standardlösung ergibt. Innerhalb dieser Grenzen ist das Beersche Gesetz erfüllt.

Zur Analyse genügen Farbstoffmengen von 1 bis 10 γ, wie sie etwa in einem einzelnen Blütenblatt oder in 10 ccm Serum vorkommen. Über die erreichbare Genauigkeit gibt die Analyse künstlicher Gemische einen Überblick:

1. Zeaxanthin und Zeaxanthinester neben Carotin:

Zeaxanthin (mg)		Zeaxanthinester (mg)		Carotin (mg)	
angew.	gef.	angew.	gef.	angew.	gef.
0,094	0,092	0,027	0,020	0,091	0,090
0,014	0,013	0,031	0,028	0,511	0,481

2. Lycopin neben Carotin:

Lycopin (mg)		Carotin (mg)	
angewandt	gefunden	angewandt	gefunden
0,108	0,098	0,110	0,166
0,016	0,017	0,184	0,161

Das beschriebene Verfahren ist in der Folgezeit vielfach benutzt und auch abgeändert worden[309]); die häufigste Abweichung betrifft die Verwendung des Pulfrich-Stufenphotometers mit dem Filter S 43 oder S 47. Die Zerteilung des zonenreichen Chromatogramms mit Elution und kolorimetrischer Bestimmung des Farbstoffs aus den einzelnen Schichten hat L. v. Cholnoky[310]) am Paprikafarbstoff durchgeführt.

Das Mengenverhältnis der Chlorophyllkomponenten *a* und *b* bestimmten A. Winterstein und G. Stein[311]) nach der Adsorption der Benzin-Benzol-Lösung an Puderzucker. Die Säule wird im Kohlendioxydstrom getrocknet, die Farbstoffzonen mit methanolhaltigem Äther eluiert und nach dem Auswaschen des Alkohols die Ätherlösungen im Stufenphotometer gemessen. Zur Eichung dienten Lösungen der reinen Farbstoffe.

Zur Bestimmung der Lyochrome im Harn[312]) trägt die Adsorptionsanalyse an zwei Punkten bei. Sie ermöglicht zunächst die Anreicherung des Farbstoffs aus 100 bis 500 ccm Untersuchungsmaterial durch Bindung an Bleicherde. Nach der Elution mit Pyridin–Essigsäure werden Verunreinigungen mit Permanganat oxydiert. Schließlich erhält man durch chromatographische Analyse an Bleicherde XS eine reine Farbstofflösung, die im Stufenphotometer gemessen werden kann.

Eine quantitative Bestimmung von Vitamin C nach seiner Überführung in das Dinitro-osazon hat E. C. H. J. Noyons[313]), die von Vitamin D E. Marcussen[314]) ausgearbeitet.

Für die Gehaltsbestimmung von Cantharidentinktur genügt nach H. Valentin und R. Frank[315]) die Feststellung, ob die Menge an isolierbarem kristallisiertem Cantharidin eine konventionelle Mindestmenge übersteigt. Hierzu wird ein einfaches adsorptionsanalytisches Verfahren angegeben. Aus dem Filtrat kann der wirksame Stoff ohne weiteres kristallisiert erhalten werden, während gleichzeitig das charakteristische Säulenbild der adsorbierten Begleitstoffe die Beurteilung des Präparates erlaubt.

Noch erfolgreicher war die quantitative Alkaloidbestimmung im Strychnosextrakt[316]), deren Ergebnis sehr genau mit dem Wert übereinstimmt, der nach den Vorschriften des Deutschen Arzneibuches erhalten wird.

Hierzu wird eine bestimmte Extraktmenge (0,1 bis 0,4 g) in 10 ccm 70-prozentigem Alkohol gelöst, die Lösung an einer etwa 15 cm hohen und 1 cm dicken Säule von Aluminiumoxyd (reinst wasserfrei von Merck) chromatographiert und so lange mit 70-prozentigem Alkohol gewaschen, bis etwa 45 ccm Filtrat durchgelaufen sind. Das klare Filtrat wird auf dem Wasserbad bis zur Trübung eingeengt, der Rückstand in 5,00 ccm 0,1 n-Salzsäure aufgenommen und mit 0,1 n-Natronlauge zurücktitriert (Methylrot). Ergebnisse:

Extraktmenge (g)	Salzsäure (ccm)	Prozentgehalt an Alkaloiden
0,1032	0,449	15,85
0,2026	0,898	15,85
0,2040	0,888	16,04
0,3090	1,374	16,19
0,4133	1,776	15,65
	Durchschnitt:	15,91

Die Analysen sind unter Annahme eines mittleren Molekulargewichts von 364,2 für das Alkaloidgemisch berechnet. Nach den Vorschriften des D. A.-B. 6 fand man für denselben Extrakt: 15,9 ± 0,1%.

Es muß noch erwähnt werden, daß die Adsorption von Farbstoffen vielfach zur Ausmessung der Oberfläche fester Stoffe herangezogen wurde. Bei der Auswertung geht man meistens von der Annahme aus, bei Sättigung sei die ganze Oberfläche mit einer dichten, monomolekularen Schicht des Farbstoffs überzogen. Ob diese Ansicht zutrifft, ist mindestens zweifelhaft; die Adsorption kann sehr wohl auf einzelne aktive Zentren oder bestimmte Kristallflächen beschränkt bleiben. Infolgedessen sind die absoluten Werte, die dieses Verfahren liefert, mit den Resultaten anderer Bestimmungsmethoden oft schlecht im Einklang. Zum Vergleich verschiedener Feinheitsgrade derselben Substanz ist es aber zweifellos sehr geeignet.

Ein ganz anderes Maß von Zuverlässigkeit erhält man in den Fällen, denen Austauschadsorption zugrunde liegt. Dabei handelt es sich natürlich nicht um die Bestimmung der gesamten Oberfläche, sondern nur um eine Abzählung der austausch-aktiven Stellen in ihr. So hat man mit Hilfe saurer Farbstoffe das „Äquivalentgewicht" der Wolle, das also von der Menge ihrer basischen Gruppen abhängt, zu 1200 g festgestellt. In der Bodenanalyse[317]) bestimmt man die „Gesamtsorptionskapazität" (T) in der Weise, daß man zunächst durch Behandlung mit Salzsäure alle austauschbaren Ionen gegen Wasserstoffion umtauscht, dieses mit eingestellter Barytlauge ablöst und den Rest durch Rücktitration bestimmt. Unterbleibt die vorherige Behandlung mit Säure, so ergibt das gleiche Verfahren die Menge der im Boden an sich schon vorhandenen H-Ionen (H). Die Differenz $T - H = S$ heißt Basenkapazität; sie gibt an, wieviele Milliäquivalente austauschbarer „Basen" in 100 g Boden den Pflanzen zur Verfügung stehen.

In neuerer Zeit hat O. H. Weber[318]) ein Austauschverfahren zur Bestimmung der Säuregruppen in Cellulose ausgearbeitet. Er filtriert Methylenblaulösung durch eine gewogene Probe des Untersuchungsmaterials, wobei sich dessen saure Gruppen mit dem basischen Farbstoff absättigen. Wenn der Überschuß der Farbstofflösung ausgewaschen ist, wird das adsorbierte Methylenblau mit Salzsäure ($H^{\bullet}$) wieder verdrängt und im Filtrat kolorimetrisch bestimmt:

Als Adsorptionsrohr wird ein sogenanntes „Ventilrohr" verwendet, ein Chlorcalciumrohr (20 : 1,5 cm), in dessen enges Rohrstück ein gerade passender, einseitig verdickter Glasstab eingelegt ist. Eingefüllte Lösungen dürfen nur tropfenweise (2—3 Tropfen in der Sekunde) ausfließen. In das

Rohr kommen 50 bis 250 mg Substanz. Darauf werden 50—100 ccm 0,01 n-Salzsäure in Anteilen von je etwa 15 bis 20 ccm aufgegeben; das faserige Material wird wiederholt mit einem hakenförmig gebogenen Glasstab „umgezogen". Einmal wird mit Wasser nachgespült, dann werden 5—10 ccm einer Methylenblau-Stammlösung (0,3 g reinstes Methylenblau „Merck, für Mikroskopie" in 1 Liter Wasser, genau eingewogen) auf 100 ccm verdünnt und in Anteilen von 10 bis 15 ccm durch die Probe filtriert, wieder unter häufigem Umziehen; die Lösung wird jedesmal gegen Ende des Durchlaufens abgesaugt. Nach vollendeter Aufgabe der Methylenblaulösung wird das Ventilrohr mit Hilfe eines Glasstabes, der mit Filtrierpapier umwickelt ist, von anhaftenden Tropfen der Lösung befreit, ebenso der Glasstab. Nun wird 2- bis 3-mal mit je 1 ccm Wasser gewaschen, das einen (dem Hydrolysegrad entsprechenden) Gehalt von 80—100 γ Methylenblau in 100 ccm hat. Das Ventilrohr wird dann abgenommen, die Saugflasche entleert und gründlich gespült. Nun wird das adsorbierte Methylenblau von der Faser abgelöst, wozu man mindestens 90 ccm 0,01 n-Salzsäure in Anteilen von 10—15 ccm verwendet. Die Entfärbung wird durch häufiges Umziehen gefördert. Der letzte Anteil Säure muß völlig farblos ablaufen und die Substanzprobe bis auf einen leicht bläulichen Ton (durch irreversibel gebundenen Farbstoff) entfärbt sein. Das Filtrat wird in der Regel in einen 100 ccm-Meßkolben überführt und darin mit 0,01 n-Salzsäure aufgefüllt. Diese Lösung wird kolorimetriert. Die ausgezogene Probe wird mit etwa 50 ccm Methanol in 2 bis 3 Anteilen gewaschen, abgesaugt und zur Vorbereitung der Wägung in Hochvakuum etwa 12 Stunden getrocknet. Für die Berechnung der Analyse ist die Auswaage maßgeblich.

Pulverförmige Präparate werden in einem Frittenfilter in ähnlicher Weise behandelt.

Adsorptionsindikatoren in der Maßanalyse

Eine Sekundär-Austauschadsorption scheint der Wirkungsweise der sogenannten „Adsorptionsindikatoren" zugrunde zu liegen[319]). Es handelt sich darum, bei Fällungstitrationen den Endpunkt zu erkennen. Dies gelingt in einigen Fällen durch Zugabe bestimmter saurer oder basischer Farbstoffe, die im Augenblick der Äquivalenz den noch suspendierten Niederschlag anfärben. Der Methode kommt die Tatsache zugute, daß viele Farbstoffionen durch die Polarisation im adsorbierten Zustand eine viel intensivere Farbe aufweisen als in Lösung (vgl. S. 29).

Die Erscheinung wird durch das nebenstehende Diagramm von J. Hodakow[320]) deutlich gemacht.

Er versetzte 8 ccm einer 0,02-normalen Silbernitratlösung mit dem basischen Farbstoff Methylviolett (5 ccm einer 0,004-prozentigen Lösung) und gab zunehmende Mengen Natriumchloridlösung (0,02-n.) zu. Die anfangs minimale Adsorption des Farbstoffions aus der blauen Lösung steigt in der Nähe des Äquivalenzpunktes (Ä. P.) sprunghaft an, wobei sich der Niederschlag rosa anfärbt. Gleichzeitig tritt in vielen Fällen eine auffällige Änderung im Dispersitätsgrad der Fällung (Koagulation) ein. Beide Erscheinungen zusammen lassen den Endpunkt der Titration scharf erkennen.

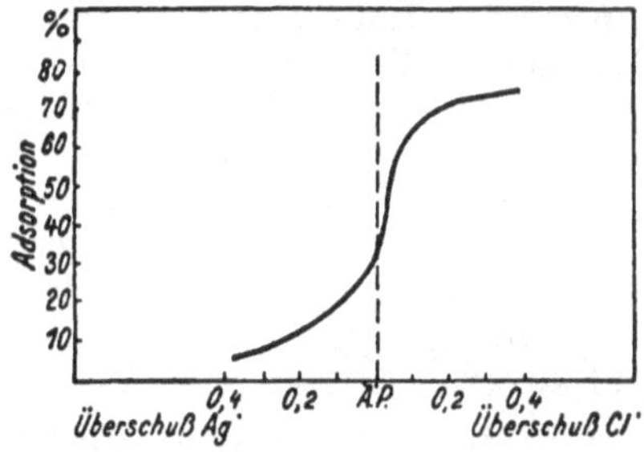

Abb. 18. Adsorption von Methylviolett an Silberchlorid in der Nähe des Äquivalenzpunktes. (Nach Hodakow)

Bei der Erklärung dieses Verhaltens werden wir auf die Diskussion der verwickelten Erscheinungen nicht im einzelnen eingehen[321]); in der Hauptsache schließen wir uns den Anschauungen von E. J. W. Verwey an. Danach adsorbiert ein Kristall aus der umgebenden Lösung bevorzugt die Ionen, die in seinem Gitter enthalten sind, indem er das Gitterwachstum in bezug auf die eine Ionenart noch fortsetzt. Hierfür stehen den Chlorsilberteilchen in unserem Beispiel zunächst nur Silberionen zur Verfügung. Die zugehörigen Nitrationen bleiben in einer zweiten Schicht über der Kristalloberfläche elektrostatisch gebunden, es entsteht eine elektrische Doppelschicht um jedes Teilchen herum. Ist der Äquivalenzpunkt überschritten, so befindet sich das Chlorion im Überschuß, wird adsorbiert und hält seinerseits Natriumionen fest. Diese sekundär gebundenen Natriumionen können aber gegen die gleichnamig geladenen Ionen des Methylvioletts ausgetauscht werden, was zur Anfärbung des suspendierten Niederschlags und zum Farbumschlag von blau nach rosa führt. Umgekehrt würde ein saurer Farbstoff wie Fluorescein von Silberhalogenid adsorbiert werden, das überschüssiges Silbernitrat gebunden hat, und zwar im Austausch gegen Nitration. Dem

Aufbau der zweiten elektrischen Doppelschicht geht der Abbau der ersten und damit die vorübergehende Entladung der Teilchen voraus, die zur Koagulation des Silberchloridsols führen kann.

In die analytische Praxis hat sich das Verfahren hauptsächlich zur Bestimmung von Silberionen einerseits, von Chlor-, Brom-, Jod-, Cyan- und Rhodanionen andererseits eingeführt. Es hat sich gezeigt, daß man stets auf den Beginn der Farbstoffadsorption titrieren muß und nicht auf ihr Ende, denn ersterer ist schärfer zu erkennen. Demgemäß verwendet man für die Silberbestimmung eingestellte Kaliumbromidlösung und den basischen Farbstoff Rhodamin 6 G, für die obengenannten Anionen aber saure Indikatorfarbstoffe wie Fluorescein (im p_H-Bereich 7—10), Dichlorfluorescein (p_H = 4—10) und Eosin (p_H = 2—10), letzteres jedoch nicht für Chlorion. In manchen Fällen ist es vorteilhaft, durch Zusatz eines Schutzkolloids die Ausflockung des Reaktionsprodukts zu verhindern; hierzu verwendet man beispielsweise eine einprozentige Lösung von Gummi arabicum, von der man 5 ccm auf 40 ccm Analysenlösung zufügt.

† Beispiel: Titration eines Bromids mit 0,1 n-Silbernitratlösung. Der Analysenlösung, die etwa 0,1 normal ist, werden auf 10 ccm 1 bis 3 Tropfen 0,5-prozentige Eosinnatriumlösung und etwas Essigsäure zugefügt. Unter starkem Umschütteln titriert man mit der Silberlösung, bis der Niederschlag plötzlich stark rot wird. Die Ausflockung, die gewöhnlich etwa 1% vor dem Äquivalenzpunkt eintritt, kann als Warnung dienen.

Sehr verdünnte, etwa 0,001-n-Lösungen geben keine Fällung, doch erkennt man den Endpunkt am Umschlag der Farbe von Rosa nach Purpurrot.

Die Titrationen sind möglichst rasch und in zerstreutem Tageslicht auszuführen, da die Lichtempfindlichkeit des Halogensilbers durch den Farbstoff wesentlich erhöht wird.

Weitere Arbeitsvorschriften findet man in I. M. Kolthoff, Die Maßanalyse, Teil 2, S. 205 ff. Berlin (J. Springer) 1928.

Zerlegung von Flüssigkeitsgemischen

Es gibt bekanntlich eine ganze Anzahl von Flüssigkeitsgemischen, bei denen das übliche Trennungsverfahren, die fraktionierte Destillation, versagt. Dies sind einmal die Mischungen gleich siedender Stoffe wie Benzol–Thiophen, Benzol–Cyclohexan und andere. Es sind ferner alle jene Substanzen, die konstant siedende Mischfraktionen geben, zum Beispiel Alkohol–Wasser, Benzol–Cyclohexan, Alkohol–Tetrachlorkohlenstoff. Grimm und Mitarbeiter[322]) haben versucht, durch Anwendung von Adsorptionsmitteln zum Ziele der Trennung zu kommen. Drei Methoden wurden erprobt und verglichen:

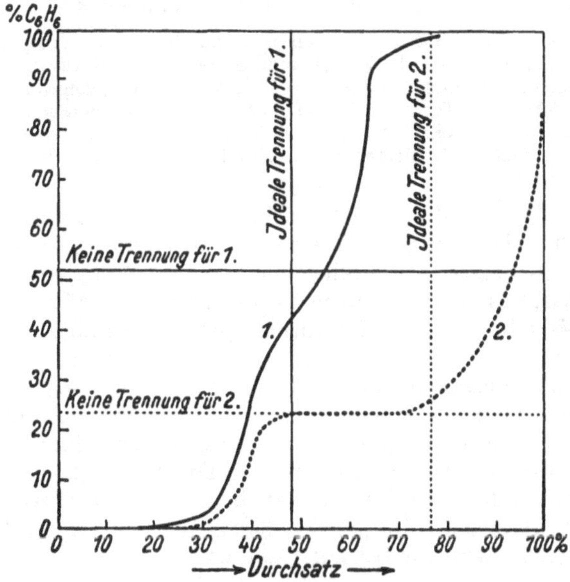

Abb. 19. Vergleich der Adsorptionsdestillation mit der Filtriermethode an Gemischen Cyclohexan–Benzol

Kurve 1 (——): Cyclohexan–Benzol 1 : 1, mit Stickstoff über Kieselsäuregel getrieben.
Kurve 2 (.....): Cyclohexan–Benzol 3 : 1, durch Kieselsäuregel filtriert
(Daten aus der Dissertation Bolz, Würzburg)

1. Die Filtration in flüssigem Zustand durch eine Schicht des Adsorbens.

2. Die Destillation durch einen Fraktionieraufsatz, der mit dem Adsorptionsmittel gefüllt ist. Dabei tritt in diesem teilweise Kondensation ein.

3. Die Destillation durch eine geheizte Säule des Adsorptionsmittels.

Von diesen drei Wegen erwies sich der erste in allen Fällen als der beste. Am Beispiel des konstant siedenden Gemisches aus 84,15% Tetrachlorkohlenstoff und 15,85% Äthylalkohol soll der Hergang eines solchen Versuchs beschrieben werden:

Etwa 50 g dieses Gemisches ließ man durch 40 g engporiges Kieselsäuregel (Sorte E_2 der I. G. Farbenindustrie A.-G., Korngröße 0,2 bis 0,5 mm), das sich in einem 13 mm weiten Glasrohr befand, langsam hindurchtropfen. 60% des Tetrachlorkohlenstoffes gingen in reinem Zustand in das Filtrat, dann folgten Gemische. 30 bis 40% der eingesetzten Menge, vorwiegend Äthylalkohol, bleiben im Gel und müssen durch Erhitzen ausgetrieben werden.

Wie in dem angeführten Beispiel gelang auch in anderen Fällen eine mehr oder weniger weitgehende Aufteilung. Die Trennung war um so besser, je verschiedener die Benetzungswärmen des Kieselsäuregels mit den beiden Komponenten der Mischung sind.

Das Verfahren hat an Bedeutung verloren, seitdem G. Hesse und Mitarbeiter ein Dampftrennungsverfahren unter Verwendung von Spülgas ausgearbeitet haben (siehe S. 21). Streng vergleichbare Versuche liegen zwar noch nicht vor, da beide Arbeitskreise verschieden zusammengesetzte Mischungen verwenden. Man erkennt trotzdem aus dem abgebildeten Diagramm (S. 127) für die Trennung Cyclohexan–Benzol, daß bei der neuen Methode eine weit bessere Annäherung an den Kurvenverlauf für ideale Trennung erreicht wird als bei der früheren.

ZERSCHÄUMUNGSANALYSE

Wie an der Grenzfläche zwischen dem festen Adsorptionsmittel und einem Gas oder einer Flüssigkeit ändert sich auch an anderen Grenzflächen die Konzentration vieler gelöster Stoffe gegenüber der Lösung. Wir meinen hier die Schäume und die Emulsionen, die man auch als Adsorptionssysteme auffassen und zur Verwirklichung von Stofftrennungen verwenden kann. So ist es allgemein bekannt, daß der Bierschaum einen anderen Geschmack hat als das flüssige Bier, aus dem er aufgestiegen ist; in ihm haben sich gewisse Bitterstoffe und andere Geschmacksträger besonders angereichert. Es ist nur ein kleiner Schritt, diese Schaumbildung durch Einblasen eines Gases künstlich und fortlaufend hervorzurufen; den Schaum kann man dann mechanisch abtrennen und wieder zerschmelzen lassen, womit die Lösung in ein „Spumat" und einen Rückstand aufgeteilt ist.

Der erste Vorschlag zur praktischen Anwendung dieser „Mikroflotation" stammt wohl von D. Talmud und P. Pochil[323]). Sie konnten zeigen, daß Saturationssaft der Rübenzuckerindustrie nach Zusatz von etwas Kalkmilch beim Einblasen von Luft einen starken Schaum bildet, der aber nach einiger Zeit aufhört; mit diesem Schaum können Stoffe entfernt werden[324]), die schon in minimaler Menge die Kristallisationsfähigkeit der Lösungen beeinträchtigen. Sogar aus unkristallisierbarer Melasse konnte nach einer solchen Behandlung noch Zucker gewonnen werden.

Die Methode ist in der Folgezeit noch mehrmals „entdeckt" worden, so von F. Schütz[325]), T. Teorell[326]) und M. Abribat[327]). Die systematische Bearbeitung der „Zerschäumungsanalyse" verdanken wir aber Wo. Ostwald und seinen Schülern (ab 1936).

Apparatur

Die Einrichtung[328]) besteht im wesentlichen aus einer Schott-Fritte *A*, die durch ein Zwischenstück *B* und ein Glasrohr *C* mit dem Vorstoß *D* verbunden ist. Der Dreiweghahn *E* dient zur Probenahme während des Versuchs, die Birnen F und G zur Aufnahme der zu zerschäumenden Flüssigkeit, beziehungsweise des entschäumten Rückstandes. Die Verbindungen zwischen den Einzelteilen der Apparatur werden durch Gummischläuche hergestellt.

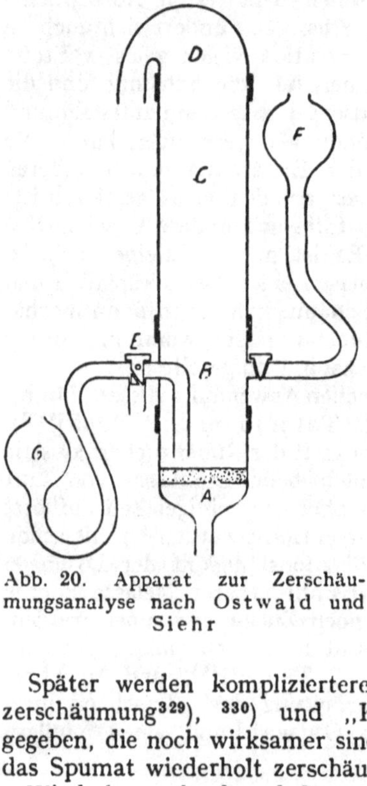

Abb. 20. Apparat zur Zerschäumungsanalyse nach Ostwald und Siehr

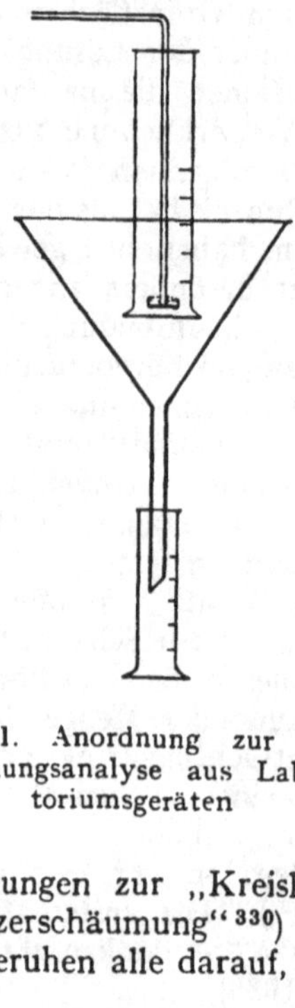

Abb. 21. Anordnung zur Zerschäumungsanalyse aus Laboratoriumsgeräten

Später werden kompliziertere Anordnungen zur „Kreislaufzerschäumung[329]), [330]) und „Kolonnenzerschäumung“ [330]) angegeben, die noch wirksamer sind. Sie beruhen alle darauf, daß das Spumat wiederholt zerschäumt wird.

Wir haben gefunden, daß man in vielen Fällen auch mit einer einfacheren Apparatur auskommt, die nach Abb. 21 aus Laboratoriumsgeräten zusammengestellt ist. Die Ausgangslösung befindet sich in einem Meßzylinder, in den durch eine Jenaer Fritte (für Gaswaschflaschen) das Gas eingeleitet werden kann. Der überquellende Schaum wird in einem großen Trichter aufgefangen und zerschmilzt dort; die abtropfende Lösung gelangt in einen untergestellten kleineren Meßzylinder (vgl. Tafel I, Abb. 2).

Vorgang

Die Lösung wird, je nach Schaumvermögen, in den oberen Zylinder zu ein Fünftel bis zur Hälfte seiner Höhe eingefüllt. Dann läßt man aus einer Stahlflasche das Gas (Luft, Kohlendioxyd, Stickstoff, Wasserstoff) gerade so stark einströmen, daß der entstehende Schaum langsam überquillt. Man steigert die Gasgeschwindigkeit in dem Maße, als das Schäumen nachläßt. Vielfach hört die Schaumbildung plötzlich auf, wenn ein Stoff vollständig aus der Lösung entfernt ist.

Als Beispiel soll die Trennung der Farbstoffe Patentblau und Neucoccin beschrieben werden[331]:

† Es wurden 150 ccm einer 0,2-prozentigen Lösung von Patentblau (Dr. Grübler u. Co., Leipzig) mit dem gleichen Volumen einer 0,2-prozentigen Neucoccin-Lösung (Farbwerke vorm. Meister Lucius und Brüning, Höchst) vermischt. Das Farbstoffgemisch wurde dann einer langsamen Zerschäumung mit Stickstoff unterworfen. In der Schaumsäule erkennt man unmittelbar über dem Flüssigkeitsspiegel die violette Mischfarbe, die nach oben hin mehr und mehr in blau übergeht. Die übergeschäumte Lösung (Spumat) war rein blau, der Rückstand rot. Die spektroskopische Prüfung zeigte, daß der Rückstand praktisch frei von Patentblau ist und daß im Spumat nur noch Spuren von Neucoccin enthalten sind.

Andere Trennungen, die bisher ausgeführt worden sind, sollen in Auswahl kurz zusammengestellt werden. Wo. Ostwald und A. Siehr[332] konnten kolloidale Lösungen des Farbstoffs Kongorubin in Fraktionen von verschiedenem Dispersitätsgrad zerlegen. Mit Kohlendioxyd, nicht aber mit Stickstoff gelingt die vollständige Enteiweißung von Harn[333] oder die Abtrennung der Eiweißstoffe aus dem Fruchtwasser der Kartoffel[334]. Bei dem Ferment Diastase wirkt Kohlendioxyd zerstörend; es ließ sich aber durch Stickstoff im Schaum gegenüber seinen Begleitstoffen anreichern, ebenso Lipase[335]; noch wesentlicher ist die Konzentrierung dieser Enzyme, die mehrere tausend Prozent betragen kann. Bei der Lipase wurde die p_H-Abhängigkeit der Trennung eingehender untersucht und gefunden, daß das Schaumbildungsvermögen ihrer Lösung zwei Maxima hat, die bei $p_H = 1{,}7$ und $p_H = 4{,}5$ liegen. Das Verhalten des Enzyms in den beiden Fällen ist entgegengesetzt: bei $p_H = 1{,}7$ bleibt es im Rückstand und der Schaum ist praktisch frei davon; bei $p_H = 4{,}5$ reichert es sich dagegen im Schaum an. M. Mischke[336]) untersuchte die Zusammensetzung von Bierschaum im Vergleich zum Gesamtbier und stellte fest, daß Albumosen, Dextrine und Hopfenharze sich im Schaum anreichern und seinen besonderen Geschmack bestimmen; sie sind auch für das Schaumvermögen verantwortlich zu machen. R. Courrier und A. Dognon[337] untersuchten schließlich mit Erfolg die Anreicherung von Sexualhormonen in Schäumen.

Das zweite Anwendungsgebiet, auf dem die Methode große Erfolge aufzuweisen hat, ist die Konzentrierung mancher Stoffe aus verdünntesten Lösungen. Hierauf wurde oben bei den Fermenten Diastase und Lipase schon hingewiesen; bedenkt man, wie schwierig die stark schäumenden und wärmeempfindlichen Enzymlösungen einzudampfen sind, so wird der Vorteil offenbar, zumal diese Konzentrierung mit einer Reinigung verbunden ist. Weiter gelang es Ostwald und seinen Schülern, fast alles Aluminiumstearat aus 3 Litern Lösung in 18 ccm Schaum zu konzentrieren, und ähnliche Anreicherungen sind auch bei Natriumoleat-, Natriumlaurat- und Kaliumstearatlösungen möglich. Es erscheint durchaus möglich, auf solche Weise Seifenstoffe aus den Abwässern von Waschanstalten zurückzugewinnen.

Die Zerschäumungsanalyse kann auf alle Stoffe Anwendung finden, deren Lösungen schäumen. In erster Linie wird man also an oberflächenaktive Substanzen denken, die die Grenzflächenspannung des Wassers herabsetzen. Jedoch weist Wo. Ostwald schon in seiner ersten Arbeit[338]) darauf hin, daß nicht nur solche Stoffe schäumende Lösungen geben und daß der niedrigeren Oberflächenspannung nicht immer das höhere Schaumvermögen entspricht. Der schaumbildende Stoff ist auch nicht immer im Schaum angereichert; das System Wasser–Isoamylalkohol hat zum Beispiel in Schaum und Rückstand eine konstante Zusammensetzung[339]).

Der Konzentrierungs- und Reinigungseffekt ist um so größer, je niedriger die Konzentration des schäumenden Bestandteils ist. Jedoch erlischt schließlich das Schaumvermögen, so daß eine optimale Verdünnung existiert. Manchmal kann der Zusatz schaumbildender Stoffe [Pepton[340]] weiter helfen.

Arbeiten zur Theorie der Schäume hat vor allem A. Siehr[341] durchgeführt. Von den Ergebnissen hat besonders die Möglichkeit der Schaumzerstörung durch Deformation der Blasen in engen Schlitzen, zum Beispiel zwischen zwei Walzen, praktisches Interesse[342].

LITERATUR

1) W. J. Podbielniak, Ind. Engng. Chem., Analyt. Edit. **3**, 177 (1931); ebenda **5**, 119, 172 (1933).
2) A. Stock, Ber. dtsch. chem. Ges. **54** (A), 142 (1921).
3) G. Wollers, Stahl u. Eisen **42**, 1449 (1922).
4) H. Tropsch und E. Dittrich, Brennstoff Chem. **5**, 285, 325 (1924); **6**, 169 (1925).
5) W. I. Mattox, Ind. Engng. Chem., Analyt. Edit. **6**, 235 (1934); **6**, 404 (1934).
6) E. Berl und Mitarbeiter, Angew. Chem. **34**, 125, 378 (1921); **36**, 247 (1923).
7) Siehe K. Peters und W. Lohmar, Beiheft zur Zeitschrift des VDCh. Nr. 25 (1937).
8) P. Schuftan, Gasanalyse in der Technik. Leipzig 1931.
9) A. Engelhardt, Kolloid-Z. **71**, 236, 335 (1935). — E. Schindel, Chem. Apparatur **27**, 257, 273 (1940). — W. Herbert und H. Ruping, Chem. Fabrik **13**, 149 (1940).
10) O. Ruff, Angew. Chem. **38**, 1164 (1925). — O. Kausch, Die aktive Kohle. (Halle 1928 und 1932.) — G. Bailleul, W. Herbert und E. Reisemann, Aktive Kohle. 2. Aufl. Ferd. Enke, Stuttgart 1936.
11) L. W. Irak, Angew. Chem. **46**, 513 (1933).
12) O. Ruff, Angew. Chem. **38**, 1164 (1925). — U. Hofmann, ebenda **44**, 841 (1931).
13) G.-M. Schwab und B. Karkalos, Z. Elektrochem. angew. physik. Chem. **47**, 345 (1941).
14) O. Ruff und P. Mautner, Angew. Chem. **40**, 428 (1927). — O. Kausch, Das Kieselsäuregel und die Bleicherden. Berlin 1927.
15) P. C. Carman, C. **1941**, I, 3346.
16) R. Edse und P. Harteck, Angew. Chem. **53**, 210 (1939).
17) F. Krczil, Aktive Tonerde, ihre Herstellung und Anwendung. Stuttgart 1938, Sammlung Ahrens, N. F., Heft 41.
18) L. A. Munro und F. M. G. Johnson, Ind. Engng. Chem. **17**, 88 (1925).
19) E. Ferber und H. Luther, Angew. Chem. **53**, 31 (1940).
20) K. Peters, Z. physik. Chem., Abt. A **180**, 79 (1937).
21) O. Ruff und E. Hohlfeld, Kolloid-Z. **36**, 23 (1925).
22) K. Peters, Z. physik. Chem., Abt. A **180**, 79 (1937).
23) K. Peters und W. Lohmar, Z. physik. Chem., Abt. A **180**, 58 (1937).
24) Vgl. auch: E. Wicke, Öl Kohle Erdöl Teer **37**, 405 (1941).
25) R. Edse und P. Harteck, Angew. Chem. **52**, 33 (1939).
26) E. Ferber und H. Luther, Angew. Chem. **53**, 31 (1940).
27) Mitgeteilt bei A. Engelhardt, Kolloid-Z. **71**, 239 (1935).
28) E. Ferber und H. Luther, Angew. Chem. **53**, 31 (1940).

29) K. Peters und Mitarbeiter, Angew. Chem. **43**, 608 (1930); Z. physik. Chem., Abt. A **148**, 1 (1930); **180**, 44 (1937).
30) K. Peters und W. Lohmar, Z. physik. Chem., Abt. A **180**, 51 (1937).
31) K. Peters und W. Lohmar, Beiheft zur Zeitschrift des VDCh Nr. 25, S. 5 (1937).
32) K. Peters und W. Lohmar, Angew. Chem. **50**, 40 (1937); Brennstoff Chem. **18**, 41 (1937); siehe besonders: Beiheft 25 zur Zeitschrift des VDCh (1937).
33) R. Edse und P. Harteck, Angew. Chem. **52**, 32 (1939); **53**, 210 (1940).
34) R. Henjes, Öl Kohle Erdöl Teer **1938**, 1079.
35) R. Henjes, Öl Kohle Erdöl Teer **1938**, 1082.
36) A. Eucken und H. Knick, Brennstoff-Chem. **17**, 241 (1936).
37) L. Küchler und O. G. Weller, Mikrochem. XXVI, 44 (1939).
38) P. Schuftan, Gasanalyse in der Technik. Leipzig (S. Hirzel) 1931.
39) G. Hesse und H. Eilbracht, Liebigs Ann. Chem. **546**, 251 (1941). — B. Tschachotin, Diplomarbeit, Marburg 1940. — G. Hesse und B. Tschachotin, Naturwiss. **30**, 387 (1942).
40) H. Korsching und K. Wirtz, Ber. dtsch. chem. Ges. **73**, 249 (1940).
41) A. Engelhardt, Kolloid-Z. **71**, 236, 335 (1935); W. Grimme, Angew. Chem. **51**, 265 (1938). — E. Schindel, Chem. Apparatur **27**, 257, 273 (1940); W. Herbert und H. Ruping, Chem. Fabrik **13**, 149 (1940).
42) F. Krczil, Aktive Tonerde (Stuttgart 1938), S. 152.
43) Gebrüder Herrmann, Köln-Ehrenfeld, Grüner Weg 8.
44) E. Weitz und Mitarb., Ber. dtsch. chem. Ges. **72**, 1740, 2099 (1939); Z. Elektrochemie angew. physik. Chem. **46**, 222 (1940); **47**, 65 (1941).
45) L. Gurwitsch, Kolloid-Z. **32**, 80 (1923).
46) H. Rheinbold und E. Wedekind, Kolloid-Beihefte **17**, 118, besonders 188 (1923).
47) G. Hesse, Chem. Techn. Untersuchungsmethoden, Julius Springer, 1939, Erg.-Bd. S. 179.
48) W. Trappe, Biochem. Z. **305**, 157 (1940).
49) W. Trappe, Biochem. Z. **306**, 321 (1940).
50) H. Roth und Ph. Schuster, Angew. Chem. **53**, 274 (1940).
51) K. Freudenberg und O. Westphal, S.-B. Heidelberg. Akad. Wiss. 1938.
52) I. G. Farbenindustrie A.-G., D.R.P. 667806.
53) Dissertation H. Möhring, Marburg a. d. Lahn, 1940 (D 4).
54) Schenk, D. R. P. 71309.
55) A. Stoll, Helv. chim. Acta **16**, 722 (1933).
56) Siehe z. B. R. Willstätter, Ber. dtsch. chem. Ges. **55**, 3601 (1922); Naturwiss. **1926**, 939.
57) Bertho-Graßmann, Biochemisches Praktikum, S. 36. W. de Gruyter, Berlin und Leipzig 1936.
58) W. Ziese und K. Pfaff, D. R. P. 582682 und 588965.
59) E. Waldschmidt-Leitz und A. Purr, Ber. dtsch. chem. Ges. **62**, 2217 (1929).

60) **H. Kraut** und **E. Bauer**, Hoppe-Seyler's Z. physiol. Chem. **164**, 10 (1927).
61) **F. Krczil**, Aktive Tonerde, S. 155 (Stuttgart 1938).
62) **H. Rupe**, Chemie der natürlichen Farbstoffe, S. 276 (Braunschweig 1900).
63) **R. Grießbach**, Angew. Chem. **52**, 215 (1939) und Beiheft 31. Siehe auch: Ind. Engng. Chem. **31**, 1138 (1939). — **E. Seyb**, Chem. Fabrik **13**, 30 (1940).
64) Zentralblatt Zuckerindustrie **35**, 332.
65) **M. Dubinin**, Z. physik. Chem. **123**, 86 (1926).
66) **S. M. Hauge** und **J. J. Willaman**, Ind. Engng. Chem. **19**, 943 (1927).
67) **T. Ito** und **K. Kutsumata**, C. **1932**, II, 2303. — **T. Ito**, C. **1936**, II, 64.
68) **A. Tiselius**, C. **1941**, II, 3105.
69) **F. Hayashi**, J. Biochemistry **16**, 1 (1932).
70) Schweizer Patent 125334.
71) **R. J. Williams** und Mitarb., J. Amer. chem. Soc. **60**, 2719 (1938).
72) **G. Mackinney** und **H. W. Milner**, J. Amer. chem. Soc. **55**, 4728 (1933).
73) **H. N. Holmes**, J. Amer. chem. Soc. **57**, 1990 (1935).
74) **H. Mark** und **G. Saito**, Mh. Chem. **68**, 237 (1936).
75) **A. Winterstein** und **K. Schön**, Hoppe-Seyler's Z. physiol. Chem. **230**, 146 (1934).
76) **F. Krczil**, Aktive Tonerde. Sammlung chemischer und chemisch-technischer Vorträge, N. F., Heft 41. Stuttgart 1938 (F. Enke).
77) **L. J. Gay-Lussac**, Ann. Chim. (2) **5**, 101 (1817).
78) **R. Franck**, Arch. Pharmaz. Ber. dtsch. pharmaz. Ges. **275**, 125 (1937).
79) **P. Ruggli** und **P. Jensen**, Helv. chim. Acta **18**, 624 (1935).
80) **G.-M. Schwab** und **K. Jockers**, Angew. Chem. **50**, 546 (1937).
81) **H. H. Strain**, J. biol. Chemistry **105**, 523 (1934).
82) **H. Brockmann** und **H. Schodder**, Ber. dtsch. chem. Ges. **74**, 73 (1941).
83) Arbeiten von **R. Kuhn**, **P. Karrer** und anderen, 1933—1935.
84) **R. Kuhn** und **H. Brockmann**, Ber. dtsch. chem. Ges. **66**, 407 (1933).
85) **A. E. Gillam** und **M. S. El Ridi**, Nature (London) **136**, 914 (1935); Biochem. J. **30**, 1735 (1936). — **L. Zechmeister** und Mitarb., Ber. dtsch. chem. Ges. **72**, 1340, 1678, 2039 (1939).
86) **R. Kuhn** und **H. Brockmann**, Liebigs Ann. Chem. **516**, 95 (1935).
87) **Pl. A. Plattner** und **A. St. Pfau**, Helv. chim. Acta **20**, 224 (1937). — **H. Willstaedt**, C. **1936**, II, 97; **1938**, II, 2272; **1939**, II, 4487.
88) **A. Winterstein** und **K. Schön**, Hoppe-Seyler's Z. physiol. Chem. **230**, 146 (1934).
89) **J. W. Cook**, **C. L. Hewett** und **I. Hieger**, J. chem. Soc. London **1933**, 395.
90) **O. Diels** und **H. F. Rickert**, Ber. dtsch. chem. Ges. **68**, 267 (1935). — **G. Hesse**, **H. Eilbracht** und **F. Reicheneder**, Liebigs Ann. Chem. **546**, 247 (1941).

91) P. Karrer und N. Nielsen, Zangger-Festschrift, S. 954. Zürich, Rascher u. Co., 1934.
92) P. Karrer und Mitarb., Helv. chim. Acta **19**, 25, 1025 (1936).
93) G. Hesse, Liebigs Ann. Chem. **524**, 14 (1936). — H. Brockmann und R. Haase, Ber. dtsch. chem. Ges. **69**, 1950 (1936); **70**, 1733 (1937).
94) R. Kuhn und H. Kaltschmitt, Ber. dtsch. chem. Ges. **68**, 128 (1935).
95) A. Windaus, Fr. Schenck und F. v. Werder, Hoppe-Seyler's Z. physiol. Chem. **241**, 100 (1936).
96) J. C. Drummond, E. Singer und R. J. Macwalter, Biochem. J. **29**, 456, 2510 (1935); P. Karrer und H. Salomon, Helv. chim. Acta **20**, 424 (1937).
97) A. Winterstein und G. Stein, Hoppe-Seyler's Z. physiol. Chem. **220**, 247 (1933). — A. Windaus und O. Stange, Hoppe-Seyler's Z. physiol. Chem. **244**, 218 (1936). — F. v. Werder, Hoppe-Seyler's Z. physiol. Chem. **260**, 119 (1939). — G. Hesse, H. Eilbracht und F. Reicheneder, Liebigs Ann. Chem. **546**, 243 (1941).
98) R. Tschesche und K. Bohle, Ber. dtsch. chem. Ges. **69**, 2497 (1936). — G. Hesse und F. Reicheneder, Liebigs Ann. Chem. **526**, 252 (1936).
99) H. Wieland, G. Hesse und R. Hüttel, Liebigs Ann. Chem. **524**, 203 (1936). — R. Tschesche und H. A. Offe, Ber. dtsch. chem. Ges. **68**, 1998 (1935).
100) R. Duschinsky und E. Lederer, Bull. Soc. chim. biol. **17**, 1534 (1935). — R. Oppenauer, Hoppe-Seyler's Z. physiol. Chem. **270**, 101 (1941).
101) H. Fischer und K. Herrle, Hoppe-Seyler's Z. physiol. Chem. **251**, 85 (1938).
102) Chem. Fabrik Sandoz, D. R. P. 627027; zitiert in Zechmeister-v. Cholnoky, Die chromatographische Adsorptionsmethode, 2. Aufl., S. 225 (Wien 1938).
103) H. Rochelmeyer, Arch. Pharmaz. Ber. dtsch. pharmaz. Ges. **277**, 329 (1939).
104) F. Lynen und U. Wieland, Liebigs Ann. Chem. **533**, 93 (1937).
105) H. Wieland, W. Konz und R. Sonderhoff, Liebigs Ann. Chem. **527**, 160 (1937).
106) H. v. Euler und E. Adler, Hoppe-Seyler's Z. physiol. Chem. **238**, 233 (1936). — H. v. Euler und F. Schlenk, Hoppe-Seyler's Z. physiol. Chem. **246**, 64 (1937).
107) P. Ruggli und P. Jensen, Helv. chim. Acta **18**, 624 (1935); **19**, 64 (1936).
108) G. Hesse, Biochem. Z. **303**, 152 (1939).
109) R. Kuhn, Th. Wieland und E. F. Möller, Ber. dtsch. chem. Ges. **74**, 1605 (1941).
110) F. Krczil, Aktive Tonerde. Sammlung Ahrens, N. F., Heft 41, Stuttgart 1938 (F. Enke).
111) H. Wislicenus, Angew. Chem. **17**, 801 (1904). — H. Wislicenus und H. Bucher, D. R. P. 201166.

112) H. Wislicenus, Collegium (1906).
113) G. A. Lehrer, Z. anorg. allg. Chem. **172**, 292 (1928).
114) H. Brockmann, Hoppe-Seyler's Z. physiol. Chem. **241**, 104 (1936).
115) H. Brockmann und R. Haase, Ber. dtsch. chem. Ges. **70**, 1733 (1937).
116) M. H. Thornton, H. R. Kraybill und J. H. Mitschell jr., J. Amer. chem. Soc. **62**, 2006 (1940); C. **1941**, I, 48; siehe auch Ind. Engng. Chem. **32**, 1138 (1940).
117) O. Kausch, Das Silicagel und die Bleicherden. (Berlin 1927).
118) Siehe z. B. C. Manunta, Helv. chim. Acta **22**, 1156 (1939).
119) Cl. Schöpf und E. Becker, Liebigs Ann. Chem. **524**, 49 (1936).
120) F. Turba, Ber. dtsch. chem. Ges. **74**, 1831 (1941).
121) W. Koschara, Hoppe-Seyler's Z. physiol. Chem. **239**, 89; **240**, 127 (1936). — Cl. Schöpf und E. Becker, Liebigs Ann. Chem. **524**, 49, 124 (1936).
122) The Journal of the Soc. of Chem. Industry, Japan **43**, 303 B (1940).
123) L. R. Cerecedo und Mitarbeiter, J. Amer. chem. Soc. **59**, 1617, 1619, 1621 (1937).
124) R. Grießbach, Angew. Chem. **52**, 215 (1939) und Beiheft 31 (1939).
125) Siehe auch Amer. Pat. 2102103.
126) L. Zechmeister und L. v. Cholnoky, Die chromatographische Adsorptionsmethode. 2. Aufl. Wien 1938, S. 51.
127) H. Brockmann, Liebigs Ann. Chem. **521**, 1 (1936).
128) W. Grotepass und A. Defalque, Hoppe-Seyler's Z. physiol. Chem. **252**, 155 (1938).
129) Vgl. u. a. Dissertation Karl Müller, Göttingen.
130) G.-M. Schwab und K. Jockers, Angew. Chem. **50**, 546 (1937).
131) H. H. Strain, Science (N. Y.) **79**, 325 (1934); J. Biol. Chem. **105**, 523 (1934). — H. N. Holmes, J. Amer. Chem. Soc. **57**, 1990 (1935).
132) Siehe 126), S. 49.
133) G. S. Fraps, A. R. Kemmerer und S. M. Greenberg, C. **1941**, I, 674.
134) J. H. Young und R. T. Hartman, C. **1939**, II, 4259.
135) K. Balenović und M. Mladenović, S.-B. Akad. Wiss. Wien II b, **148**, 167 (1940).
136) P. Karrer, A. Geiger, A. Ruegger und G. Schwab, Helv. chim. Acta **23**, 589 (1940).
137) Zuerst durch P. Karrer und O. Walker, Helv. chim. Acta **16**, 641 (1933).
138) L. Zechmeister und L. v. Cholnoky, Die chromatographische Adsorptionsmethode. 2. Aufl., Wien 1938, S. 49.
139) L. Zechmeister und L. v. Cholnoky, Liebigs Ann. Chem. **509**, 269 (1934).
140) Zusammenstellung der umfangreichen Literatur in: L. Zechmeister u. L. v. Cholnoky, Die chromatographische Adsorptionsmethode, 2. Aufl., Wien 1938.
141) F. Kögl, A. J. Haagen-Smit und H. Erxleben, Hoppe-Seyler's Z. physiol. Chem. **228**, 90 (1934).

142) P. Karrer und H. M. Weber, Helv. chim. Acta **19**, 1025 (1936).
143) F. Hoffmann-La Roche, F. P. 856346; C. **1941**, I, 246.
144) G. Hesse und K. Holle, unveröffentlicht.
145) H. Brockmann, Angew. Chem. **53**, 386 (1940).
146) H. Willstaedt, L'analyse chromatographique et ses applications. Paris 1938, p. 8.
147) A. Winterstein und G. Stein, Hoppe-Seyler's Z. physiol. Chem. **220**, 203 (1933).
148) Sandoz, D. R. P. 627027; vgl. L. Zechmeister und L. v. Cholnoky, Die chromatographische Adsorptionsmethode, 2. Aufl., Wien 1938, S. 225.
149) H. A. Spoehr, Plant Physiol. **13**, 207 (1938).
150) G.-M. Schwab und K. Jockers, Naturwiss. **25**, 44 (1937).
151) G. Hesse und O. Sauter, unveröffentlicht.
152) Bei Kohle und Silicagel: O. Kausch, a. a. O.; bei Bleicherden O. Eckart, Chemiker-Ztg. **60**, 153 (1936) sowie die Vorschriften der Hersteller.
153) R. Kraus und B. Barbara, Wien. klin. Wschr. **27**, 810 (1914).
154) F. Hoffmann-La Roche u. Co., C. **1928**, II, 1797.
155) F. Kögl und L. Pons, Hoppe-Seyler's Z. physiol. Chem. **269**, 76 (1941).
156) Wie bei der Tswettschen Analyse, siehe S. 73.
157) O. Witt, Ber. dtsch. chem. Ges. **34**, 3172 (1901).
158) G.-M. Schwab und K. Jockers, Angew. Chem. **50**, 546 (1937).
159) H. Finck, Ber. dtsch. chem. Ges. **70**, II, 1477 (1937).
160) L. R. Cerecedo und Mitarb., J. Amer. chem. Soc. **59**, 1617, 1619, 1621 (1937).
161) L. Zechmeister und L. v. Cholnoky, Die chromatographische Adsorptionsmethode. Julius Springer, Wien. 2. Aufl., 1938. — A. Winterstein in Kleins Handbuch der Pflanzenanalyse, Bd. IV, S. 1403. Julius Springer, Wien 1933. — G. Hesse, Angew. Chem. **49**, 315 (1936); Chem.-Techn. Untersuchungsmethoden, Julius Springer, 1939, Erg.-Bd. I, S. 179. — H. Vetter, Physikalische Methoden der analytischen Chemie, III. Teil, S. 1. Akad. Verlagsges. Leipzig 1939. — G.-M. Schwab, Chromatographische Methoden in der anorganischen Chemie, dito, S. 60 (1939). — H. Brockmann, Angew. Chemie **53**, 384 (1940). — W. Koschara, Chemiker-Ztg. **61**, 185 (1937). — H. Willstaedt, L'analyse chromatographique et ses applications, Hermann et Cie., Paris 1938. — A. H. Cook, Chem. and Ind. **55**, 724 (1936).
162) M. Tswett, Ber. dtsch. bot. Ges. **24**, 234, 316, 384 (1906); Biochem. Z. **5**, 9 (1907); Ber. dtsch. chem. Ges. **41**, 1352 (1908); **43**, 3199 (1910); **44**, 1124 (1911).
163) R. Willstätter, Zusammenfassung: Ber. dtsch. chem. Ges. **55**, 3601 (1922).
164) R. Kuhn, A. Winterstein und E. Lederer, Hoppe-Seyler's Z. physiol. Chem. **197**, 141 (1931).

165) **R. Kuhn** und **E. Lederer**, Ber. dtsch. chem. Ges. **64**, 1349 (1931).
166) **R. Kuhn** und **H. Brockmann**, Ber. dtsch. chem. Ges. **66**, 407 (1933).
167) **W. Graßmann**, Collegium **9**, 401 (1935).
168) **W. Graßmann** und **O. Lang**, Collegium **9**, 114 (1935).
169) **H. A. Boekenoogen**, Recueil Trav. chim. Pays-Bas **56**, 351 (1937).
170) Zum Beispiel Z. Unters. Lebensmittel **70**, 193 (1935); **71**, 186 (1936); Pharmaz. Ztg. **80**, 469 (1935).
171) Pharmaz. Ztg. **81**, 943 (1936); Arch. Pharmaz. Ber. dtsch. pharmaz. Ges. **275**, 345 (1937).
172) **A. Hock**, Bodenkunde und Pflanzenernährung **5** (50), 1 (1937).
173) **F. Goppelsroeder**, Anregung zum Studium der Capillaranalyse. Basel 1906.
174) **G.-M. Schwab** und **K. Jockers**, Angew. Chem. **50**, 553 (1937).
175) **F. Weygand** und **L. Birkhofer**, Hoppe-Seyler's Z. physiol. Chem. **261**, 172 (1939).
176) **A. Winterstein** und **G. Stein**, Hoppe-Seyler's Z. physiol. Chem. **220**, 263 (1933).
177) **R. Kuhn** und **H. Brockmann**, Hoppe-Seyler's Z. physiol. Chem. **200**, 255 (1931).
178) **A. E. Gillam** und **M. S. el Ridi**, Biochem. J. **30**, 1735 (1936).
179) **L. Zechmeister** und Mitarb., Ber. dtsch. chem. Ges. **72**, 1340, 1678, 2039 (1939).
180) **E. Weitz** und Mitarbeiter, Ber. dtsch. chem. Ges. **72**, 1740, 2099 (1939); Z. Elektrochem. angew. physik. Chem. **46**, 222 (1940), **47**, 65 (1941).
181) **H. Wieland**, **K. Bähr** und **B. Witkop**, Liebigs Ann. Chem. **547**, 158 (1941).
182) **Cl. Schöpf** und **E. Becker**, Liebigs Ann. Chem. **524**, 49 (1936).
183) **G. W. Pigulewski**, **J. T. Kanetzkaja** und **M. A. Platonowa**, C. **1937**, II, 1187.
184) **R. S. Cahn** und **R. F. Phipers**, Nature (London) **139**, 717 (1937).
185) **W. Trappe**, Biochem. Z. **306**, 316 (1940).
186) **H. N. Holmes** und **R. E. Corbet**, J. Biol. Chem. **127**, 449 (1939); C. **1939**, II, 2347.
187) **G. Hesse**, **F. Reicheneder** und **H. Eysenbach**, Liebigs Ann. Chem. **537**, 76 (1938).
188) **A. Tiselius**, C. **1941**. II, 3105.
189) Eine ausführliche Wiedergabe findet man bei **L. Zechmeister** und **L. v. Cholnoky**, Die chromatographische Adsorptionsmethode, 2. Aufl., Wien 1938, S. 25ff.
190) **A. Winterstein** und **K. Schön**, Hoppe-Seyler's Z. physiol. Chem. **230**, 146 (1934).
191) **P. Ruggli** und **P. Jensen**, Helv. chim. Acta **18**, 624 (1935).
192) **J. English** jr., J. Amer. chem. Soc. **63**, 941 (1941); C. **1941**, II, 1160.
193) **P. Karrer** und **N. Nielsen**, Zangger-Festschrift, S. 954, Zürich, Rascher und Co., 1934.
194) **R. T. Arnold**, J. Amer. chem. Soc. **61**, 1611 (1939); C. **1939**, II, 1660.

195) A. H. Cook, J. chem. Soc. **1938**, 876.
196) A. Winterstein und O. Schön, Hoppe-Seyler's Z. physiol. Chem. **230**, 146 (1934).
197) F. Wetter und K. Dimroth, Ber. dtsch. chem. Ges. **70**, 1665 (1937).
198) F. Kögl und W. B. Deijs, Liebigs Ann. Chem. **515**, 32 (1935).
199) A. Winterstein, Hoppe-Seyler's Z. physiol. Chem. **219**, 249 (1933).
200) R. Kuhn und Ch. Grundmann, Ber. dtsch. chem. Ges. **65**, 1880 (1932).
201) R. Kuhn und H. Brockmann, Ber. dtsch. chem. Ges. **65**, 894 (1932).
202) H. Freundlich und W. Heller, J. Amer. chem. Soc. **61**, 2228 (1939).
203) W. Trappe, Biochem. Z. **306**, 321 (1940).
204) L. Zechmeister und L. v. Cholnoky, Die chromatographische Adsorptionsmethode, 2. Aufl., Wien 1938, S. 36.
205) G.-M. Schwab und K. Jockers, Angew. Chem. **50**, 551 (1937).
206) P. Ruggli und P. Jensen, Helv. chim. Acta **18**, 624 (1935).
207) F. Turba, Ber. dtsch. chem. Ges. **74**, 1829 (1941).
208) Ch. Sannié, Bull. Soc. chim. France **54**, 580 (1937).
209) A. Winterstein und K. Schön, Hoppe-Seyler's Z. physiol. Chem. **230**, 144 (1934).
210) G. Becker und Cl. Schöpf, Liebigs Ann. Chem. **524**, 124 (1936).
211) A. W. Ralston, H. J. Harwood und W. O. Pool, J. Amer. chem. Soc. **59**, 986 (1937).
212) H. Flood, Z. analyt. Chem. **120**, 327 (1940).
213) W. G. Brown, Nature (London) **143**, 377; C. **1939**, II, 1130.
214) H. Flood, Tidskr. f. Kjemi og Bergvesen **17**, 178 (1937).
215) L. Zechmeister und L. v. Cholnoky, Liebigs Ann. Chem. **509**, 269 (1934).
216) R. Kuhn und H. Brockmann, Hoppe-Seyler's Z. physiol. Chem. **206**, 41 (1932). — A. Winterstein, K. Schön und H. Vetter, ebenda **230**, 158 (1934).
217) A. Winterstein und G. Stein, Hoppe-Seyler's Z. physiol. Chem. **220**, 247 (1933).
218) Die Stellung von Schwefelkohlenstoff in der Reihe der Lösungsmittel ist noch nicht exakt festgelegt.
219) F. Hayashi, J. Biochemistry **16**, 1 (1932). — P. Karrer und Mitarbeiter, Helv. chim. Acta **18**, 624 (1935); **19**, 64 (1936).
220) A. Winterstein, Hoppe-Seyler's Z. physiol. Chem. **215**, 51 (1933); **219**, 249 (1933).
221) G. Lindau und G. Salomon, Ber. dtsch. chem. Ges. **67**, 1296 (1934).
222) E. Waldschmidt-Leitz und F. Turba, J. prakt. Chem. [N. F.] **156**, 55 (1940).
223) A. Winterstein, Hoppe-Seyler's Z. physiol. Chem. **230**, 139 (1934).
224) P. Karrer, Helv. chim. Acta **17**, 693 (1934).
225) A. Winterstein, K. Schön und H. Vetter, Hoppe-Seyler's Z. physiol. Chem. **230**, 158 (1934).
226) H. Carlsohn und G. Müller, Ber. dtsch. chem. Ges. **71**, 858 (1938).
227) W. Koschara, Hoppe-Seyler's Z. physiol. Chem. **240**, 127 (1936).

289) G.-M. Schwab und A. N. Ghosh, Angew. Chem. **52**, 389 (1939).
290) H. Erlenmeyer und H. Dahn, Helv. chim. Acta **22**, 1369 (1939). — H. Erlenmeyer und W. Schoenauer, ebenda **24**, 878 (1941).
291) R. Flood, Z. analyt. Chem. **120**, 327 (1940).
292) G.-M. Schwab und A. N. Ghosh, Angew. Chem. **53**, 39 (1940).
293) G.-M. Schwab und G. Dattler, Angew. Chem. **50**, 691 (1937).
294) O. Samuelson, Z. analyt. Chem. **116**, 328 (1939).
295) O. Samuelson, Svensk kem. Tidskr. **51**, 195 (1939); C. **1940**, I, 918.
296) O. Samuelson, Svensk kem. Tidskr. **52**, 115 (1940); C. **1940**, II, 3520.
297) O. Samuelson, Svensk kem. Tidskr. **52**, 241 (1940); C. **1941**, I, 2835.
298) A. Schleicher, Z. analyt. Chem. **121**, 90 (1941).
299) E. Asmus, Z. analyt. Chem. **122**, 81 (1941).
300) W. Koschara, Hoppe-Seyler's Z. physiol. Chem. **239**, 89 (1936).
301) F. Turba, Ber. dtsch. chem. Ges. **74**, 1829 (1941).
302) A. Schöberl und P. Rambacher, Biochem. Z. **305**, 223 (1940).
303) L. Zechmeister, G. Tóth und M. Balint, Enzymologia **5**, 302 (1938); C. **1939**, I, 3197; G. Tóth, C. **1940**, I, 728.
304) G. Hesse, Biochem. Z. **303**, 152 (1939).
305) H. Wieland, H.-J. Pistor und K. Bähr, Liebigs Ann. Chem. **547**, 153 (1941).
306) P. Karrer und F. M. Strong, Helv. chim. Acta **19**, 25 (1936).
307) H. H. Strain, J. Amer. chem. Soc. **61**, 1292 (1939).
308) R. Kuhn und H. Brockmann, Hoppe-Seyler's Z. physiol. Chem. **206**, 41 (1932).
309) Siehe z. B. H. Willstaedt und T. K. With, Hoppe-Seyler's Z. physiol. Chem. **253**, 40 (1938). — A. I. Virtanen und Kreula, ebenda **270**, 144 (1941). — A. Fujita, T. Narita und M. Ajisaka, Biochem. Z. **308**, 420 (1941); C. **1941**, II, 2966.
310) Zitiert in L. Zechmeister und L. v. Cholnoky, Die chromatographische Adsorptionsmethode, 2. Aufl., Wien 1938, S. 122. Dort findet man noch weitere Anwendungen auf dem Carotinoidgebiet, z. B. auf S. 113, 127, 139, 159, 235.
311) A. Winterstein und G. Stein, Hoppe-Seyler's Z. physiol. Chem. **220**, 247 (1933).
312) W. Koschara, Hoppe-Seyler's Z. physiol. Chem. **232**, 108 (1935).
313) E. C. H. J. Noyons, C. **1937**, II, 614.
314) E. Marcussen, C. **1939**, II, 2258.
315) H. Valentin und R. Franck, Pharmaz. Ztg. **81**, 943 (1936).
316) K. W. Merz und R. Franck, Arch. Pharmaz. Ber. dtsch. pharmaz. Ges. **275**, 345 (1937).
317) Berl-Lunge, Chem.-techn. Untersuchungsmethoden, Julius Springer, 8. Aufl., Erg.Bd. 2, S. 277 (1939).
318) O. H. Weber, J. prakt. Chem. [N. F.] **158**, 33 (1941).
319) K. Fajans und O. Hassel, Z. Elektrochem. angew. physik. Chem. **29**, 495 (1923). — K. Fajans und H. Wolff, Z. anorg. allg. Chem. **137**, 221 (1924). — O. Hassel, Kolloid-Z. **34**, 304 (1924).

320) J. Hodakow, Z. physikal. Chem., Abt. A **127**, 47 (1927).
321) K. Fajans loc. cit. — I. M. Kolthoff, Kolloid-Z. **68**, 190 (1934). — E. J. W. Verwey, Kolloid-Z. **72**, 187 (1935).
322) H. G. Grimm und H. Wolff, Angew. Chem. **41**, 98 (1928). — H. G. Grimm, W. Raudenbusch und H. Wolff, Angew. Chem. **41**, 104 (1928).
323) D. Talmud und P. Pochil, Kolloid-Z. **61**, 101 (1932).
324) Wo. Ostwald und A. Siehr, Kolloid-Z. **79**, 15 (1937).
325) F. Schütz, Nature (London) **139**, 629.
326) Zitiert in: H. Willstaedt, L'analyse chromatographique et ses applications, p. 37. Paris 1938. Hermann et Cie.
327) M. Abribat, C. R. hebd. Séances Acad. Sci. **209**, 244 (1939); C. **1940**, I, 22.
328) Wo. Ostwald und A. Siehr, Kolloid-Z. **76**, 33 (1936).
329) Wo. Ostwald und A. Siehr, Kolloid-Z. **79**, 11 (1937); D. R. P. 691618, ausgeg. 1. 6. 1940, und Zusatzpatent, ausgeg. 8. 7. 1940.
330) Wo. Ostwald und M. Mischke, Kolloid-Z. **90**, 18 (1940).
331) Wo. Ostwald und A. Siehr, Kolloid-Z. **76**, 38 (1936).
332) Wo. Ostwald und A. Siehr, Kolloid-Z. **76**, 38 (1936).
333) Wo. Ostwald und A. Siehr, Kolloid-Z. **76**, 38 (1936).
334) Wo. Ostwald und A. Siehr, Kolloid-Z. **79**, 13 (1937).
335) Wo. Ostwald und M. Mischke, Kolloid-Z. **90**, 205 (1940).
336) M. Mischke, Kolloid-Z. **90**, 77 (1940).
337) R. Courrier und A. Dognon, C. R. hebd. Séances Acad. Sci. **209**, 242 (1939); C. **1940**, I, 74.
338) Wo. Ostwald und Mitarbeiter, besonders Kolloid-Z. **76**, 33 (1936); **79**, 12 (1937); **90**, 17 (1940).
339) Wo. Ostwald und A. Siehr, Kolloid-Z. **76**, 33 (1936).
340) Wo. Ostwald und M. Mischke, Kolloid-Z. **90**, 205 (1940).
341) A. Siehr, Kolloid-Z. **77**, 27 (1936); **78**, 156 (1937); **85**, 70 (1938).
342) A. Siehr, Kolloid-Z. **78**, 156 (1937).

REGISTER

Abgase 23.
Aceton 84.
Acetylcellulose 40, **98**.
Additionsadsorption 29.
Adsorption, echte 29.
— an Fällungen 34.
— aus Lösungen 29.
— von Gasen 1.
Adsorptionsdestillation 21.
Adsorptionsgleichgewicht 30.
Adsorptionsindikatoren 125.
Adsorptionsisotherme **7**, 24, 29.
Adsorptionskohle **2**, 16, 21.
Adsorptionskräfte 31.
Adsorptionsmilieu 31.
Adsorptionsmittel für Gase 2.
—, hydrophile 30, 71.
—, hydrophobe 30, 71.
—, pulverförmige 37.
—, Reihenfolge der hydrophilen 31.
Adsorptionspapier 77.
Adsorptionsregeln 71.
Adsorptive Filtration 58.
Äther 83.
Äthylalkohol 128.
Aktive Zentren 7, 32.
Aktivierung von Aluminiumoxyd 41.
— von Kohle 2.
— von Talk 48.
Aktivkohle **2**, 16, 21, 57.
— I (Düsseldorfer Farbwerke) 40.
— IV (Düsseldorfer Farbwerke) 40.
Aldehyde 93.
Alkaloide aus Curare 44, 64, **91**, 116.
— aus Kartoffel 44.
— aus Knollenblätterpilz 44.
— aus Mutterkorn 44, 102.
Alkohole 84.
Aluminiumhydrosole 36.
Aluminiumhydroxyd 35, **44**.
Aluminiumoxyd **41**, 43, 54, **56**, 107.
—, Aktivierung 41.
Aluminiumoxyd, basisches 58.
—, saures 42.
—, standardisiertes 41.
Aluminiumoxyde mit abgestuftem Adsorptionsvermögen 42.
Aluminiumsilikate 45.
Amine 92, 93.
Aminosäuren 92, 115.
Aneurin 47, **58**.
Anionen, adsorptionsanalytische Trennung 112.
Anionen-Austauscher 33, 42, 46, 48, 53, **112**.
Anorganische Chromatographie 107.
Anthocyane 43.
Anthracen 70, **89**.
Anthrachinondrogen 106.
Anthrachinonfarbstoffe 50.
Anthrodianthren 69.
Anti-diperi-benzcoronen 69.
Apparaturen zur Tswett-Analyse 73.
— zur Zerschäumungsanalyse 129.
Aufgießen 86.
Ausheizen 3.
Austauschadsorbens 4, 39, 47.
— für Basen 32, 42, 46, 48.
— für Säuren 32, 42, 46, 48.
—, Regenerierung 53.
Austauschadsorption **32**, 44, 58, 72, **107**, 114.
Austauschharze 47.
Auswahl des Adsorptionsmittels 78.
Azobenzol 68, **99**.
Azulene 43, **104**.

Bakterien 54.
Basenkapazität 123.
Basische Adsorptionsmittel, Unterscheidung von sauren 51.
Begleitstoffe 98.
Beimengungen 112.

Benzin als Lösungsmittel 83.
Benzingewinnung 25.
Benzol 22, 128.
— als Lösungsmittel 83.
1,2-Benzpyren **68**.
Bestimmung von Carotinoiden 118.
Bewegungshormon der Sinnpflanze 44.
Bierschaum 132.
Biotin 55.
Bixin 100.
Bixinaldehydsäure 69.
Bixindialdehyd 69.
Blattfarbstoffe 103.
Blaugel 28.
Bleicherden **45**, 50, 114.
Bleisulfid 34.
Blutgruppensubstanz A 34.
Bodenanalyse 123.
Boletol 69.
Butter 105.

Calciumcarbonat 49.
Calciumhydroxyd 49.
Calciumoxalat 50.
Calciumoxyd 49.
Calciumphosphat 50.
Calciumsulfat 49.
Cantharidentinktur 106, 122.
Cantharidin 122.
Carbo medicinalis 40.
Carboraffin 39, 40.
Carotin 43, 48, 64, 118.
Carotinfarbstoffe 40, 43, **67**, 85, 100, 118.
Carotinkohlenwasserstoffe 69.
Cellulose 123.
Chloroform 83.
Chlorophyll 50, 64, 121.
Chromatographische Analyse 40, 45, **59**.
Chrysen 68.
cis-trans-Isomere 99.
Co-Enzyme 44.
Crackgase 1, **21**.
Crocetindimethylester 100.
Cyclohexan 22, 128.
Cyclohexen 22.

Dampftrennungsverfahren mit Spülgas **21**, 128.
Decalso 47.
Derivate, farbige 91.
Desorption 9, 11, 18.
—, fraktionierte 27.
Desorptionsisotherme 8.
Desorptionstemperatur, kritische 6, 12.
Diacetonalkohol 65.
Diastase 131.
Diazetyl-Toxikarol 64.
Dichloräthylen 101.
Dielektrizitätskonstante 90.
Digitalis-Tinktur 105, **106**.
Diphenylpolyene 66.
Dipolmoment 68.
Doppelbindungen 9.
Drachenblut-Farbstoffe 43, **95**.
Durchwaschen 95.

Edelgase 1, 7, 12.
Einheitlichkeit, Prüfung auf 62.
Einrührverfahren 53.
Einschlämmverfahren 82.
Eisenbestimmung 114.
Elektrophorese 116.
Elution 23, 25, 32, 36, **94**.
Elutionsmittel für Kationen 33.
—, Reihenfolge 32, **94**.
Empfindlichkeit des adsorptionsanalytischen Ionennachweises 111.
Enteiweißung 35, 131.
Entfärbung 40, 53.
Entwickeln 86, **108**.
Enzymadsorption 37.
Eosin 66.
Epimere Verbindungen 102.
Erdgas 17, 26.
Erythropterin 97.
Erythrosin 66.
Essigester 83.

Farbreaktionen 93.
Farbtieferegel 71.
Fasergips 49.

Fasertonerde 44.
Feststellung von Zonen 89.
Fettsäuren 106.
Filtrierverfahren 56.
Filtrol-Neutrol 46, 115.
Floridin 46.
Flüssiges Chromatogramm 95.
Flüssigkeitsgemische 127.
Fluorescein 66.
Fluoreszenz 89.
Frankonit 46.
Füllen des Adsorptionsrohrs 80.
Fuller-Erde 46.
Fumarsäure 99.

Gasadsorption, technische 23.
Gasanalyse 1.
— durch Adsorption 10.
— durch Desorption 11.
Gaswäsche 24.
Gelbes Atmungsferment 104.
Gerbstoffextrakte 106.
Gesamtsorptionskapazität 123.
Geschwindigkeitsoptimum 88.
Gewinnung der adsorbierten Substanz (siehe auch Elution) 58.
Glukoside 40.
— aus Adonis vernalis 55.
Grünsand 46.

Handelsöle 106.
Harzfarbstoffe 45, 50.
Harzsäuren 48.
Helenien 67, 118.
Herzgifte 43, 57.
Hochpolymere 98.
Hormone 43, 132.
Humusböden 106.
Hydraffin 40.
Hydralo 42.

Identifizierung 62, 92.
Identität 62.
Indikatormethode 90.
Inulin 50.
Ionenaustausch 39, 113.
Ionenchromatographie 107.
Isoboletol 69.

Japanton 46.

Kaffee 107.
Kapillaranalyse 63.
Kapillarkondensation 6.
Katalytische Wirkungen des Adsorptionsmittels 65.
Kationen, Trennung 107.
Kationenaustauscher 32, 42, 46, 48, 53, 107.
Kennzeichnung 63.
Kieselgur 47, 54.
Kieselsäure, kolloidale 35.
—, pulverförmige 47.
Kieselsäuregel 4, 13, 21.
— für Exsikkatoren 28.
Klären 53.
Kohle 2, 12, 23, 24, 38, 50, 71.
Kohlehydrate 50.
Kohlenwasserstoffe, aliphatische 2, 10, 12, 14.
—, aromatische 40, 43, 57, 68.
Kolloide 54.
Kolonnenmethoden mit thermischer Desorption 18.
— mit Spülgas 20.
Kolonnenwirkung 14, 17.
Kolonnenzerschäumung 130.
Kongorubin 131.
Konstant siedendes Gemisch 22.
Konstitutionseinflüsse 66.
Konzentrierung 132.
Kreislaufzerschäumung 130.
Krötengiftstoffe 43.

Linalool 64.
Lipase 131.
Lloyds Reagens 46.
Lösungsmittel 82.
—, Reihenfolge 31.
Lutein 67, 118.
Lycopin 48, 118.
Lyochrome 121.

Magnesiumcarbonat 48.
Magnesiumoxyd 48.
Magnesiumsilikate 48.

Maleinsäure 99.
Mehrschichtensäule 82, **102**.
Mehrstufenverfahren 55.
Menge des Adsorptionsmittels 79.
Mikroanalyse von Gasgemischen 20.
Mikroflotation 129.
Milchzucker 50.
Molekelbau 9, 66.
Molekülverbindungen 29, 92.
—, chromatographische Zerlegung 103.
Molekulargewicht 9, 66, 71.

Naphthacen 68.
Naphthazarinfarbstoffe 47.
Naphthochinonderivate 49.
Naphthole 93.
Nerolin 57.
Neucoccin 131.
Nitraniline 43, 68.
Nitrophenole 43, 68.
Norit 38, 40.

Oberfläche, Ausmessung 122.
Oberflächenadsorption 6.
Olefine 11, 12, 14.
Oleine 106.
Oleum Hyoscyami 106.
Optische Antipoden 101.
Oxin als Adsorbens 111.
β-Oxycarotinon 70.
8-Oxychinolin 111.

Pankreasextrakt 37.
Pantothensäure 40.
Paprikafarbstoff 121.
Patentblau 131.
Permutit 32, 47.
Perubalsam 106.
Petroläther 83.
p_H-Abhängigkeit der Austauschadsorption 33, **39**, 115.
p_H-Abhängigkeit der Zerschäumung 131.
p_H-Messung 50.
p_H-Werte von Adsorptionsmitteln 52.

Phenanthren 70.
Phenol 40.
Phenole 92.
Phosphatide 34.
Physalien 67, 118.
Polare Gruppen 9, 67, 71.
Polarisation 64.
Polarisierbarkeit 68.
Poröse Adsorptionsmittel 80.
Porphyrine 44, 47.
Puderzucker 50.
Pufferlösungen 33, 114.
Pyridin 84.

Quantitative Methoden 117.
Quarzpulver 101.

Racemate 50.
—, Zerlegung 102.
Reaktionsgase 23.
Regeln in der Austauschadsorption 108.
Regenerieren von Trockenmitteln 28.
Reihenfolge der Gase am Adsorbens 9.
— der hydrophilen Adsorptionsmittel 30.
Reinigung anorganischer Salze 58.
— von Pflanzenextrakten 34.
Relative Belegung 93.
Rohrzucker 50.
Rose bengale 66.
Rotwein 106.

Sanasorbon 38.
Saturation 37.
Saure Adsorptionsmittel, Unterscheidung von basischen 51.
Schaumzerstörung 133.
Schmetterlingsfarbstoffe 64, 97.
Schüttdichte 79.
Schwefelkohlenstoff 83.
Scilla-Extrakt 35.
Sekundäradsorption 97.
Selektivität der Tswett-Analyse 69.
Seltene Erden 50.
Sexualhormone 132.

Siedepunkte, Bedeutung bei der Gasadsorption 9.
Silikagel 4, 47.
Sorboid 38.
Sorption von Gasen 6
Spumat 129.
Stärke 50.
Stampfer 81.
Standardisierung von Aluminiumoxyden 43.
Sterine 43, 57.
Strychnosextrakt 122.
Sulfatbestimmung 113.
Supersorbonverfahren 25.
Synthesegas 16, 26.

Talk 48.
Taraxanthin 67, 118.
Teerfarbstoffe 44.
Teilchengröße von Adsorbentien 79.
Testfarbstoffe 42.
Tetrachlorkohlenstoff 22, 83, 128.
Tierkohle 54.
Tinctura Absinthii 106.
— Digitalis 106.
— Strophanti 106.
Titration von Bromid 126.
Toluol 83.
Tonerde C_γ 86.
Tonerdegel 5, 44.
Toxicarol 65.
Trennung Co··-Zn··-Ni·· 110.
— der Schwefelammoniumgruppe 110.
Trichloräthylen 83.
Trocknung von Gasen 27.
Tswett-Analyse 40, 45, 59.
— mit kleinsten Mengen 76.
—, Standard-Anordnung 73.
— unter Luftausschluß 74.
— unter Überdruck 75.
Triterpene 57.

Überdruck 75, 86.
Ultrachromatogramm 89.
Umstimmung einer Säule 112.
Umwandlung von Salzen 116.
Ungesättigte Verbindungen 93.
Unsichtbares Chromatogramm 92.
Uropterin 115.

Veränderung der adsorbierten Stoffe 64.
Verdrängung 94.
Verdrängungsmittel 10.
Verunreinigungen, Nachweis 111.
Vinum Condurango 106.
Violaxanthin 67, 118.
Vitamin A 40, 43, 65.
Vitamin B_1 47, 58, 92.
Vitamin B_2 43.
Vitamin C 92, 122.
Vitamin D 43, 45, 90, 122.
Vitamin E 43.
Voranreicherung in der Gasanalyse 17, 27.

Wärmeleitfähigkeit 13.
Wärmespeicher 24.
Waschen 86.
Waschgas 21.
Wasser als Lösungsmittel 89.
Wasserreinigung 37, 56.
Wasserstoffisotope 12.
Wechsel des Adsorptionsmittels 71.
Weinsäuren, aktive 87.
Wiedergewinnung der adsorbierten Substanz 55.
Wiederverwendung gebrauchter Adsorptionsmittel 52.
Wofatit 47.
Wolle 123.

Zeaxanthin 100, 118.
Zeolith 46.
Zerlegung von Molekülverbindungen 64.
Zerschäumungsanalyse 129.
Zerstörung des Adsorptionsmittels 34.
Zerteilen der Säule 88.
Zinkkarbonat 49.
Zucker 40.
Zuckerkohle 40.

MERKBLATT
für die Adsorptionsanalyse von Lösungen

1. Die Aktivität der gebräuchlichsten hydrophilen Adsorptionsmittel gegenüber neutralen Stoffen sinkt ungefähr in folgender Reihenfolge:

   Aluminiumoxyd, Aluminiumhydroxyd, Magnesiumoxyd, Calciumoxyd, Calciumhydroxyd, Calciumcarbonat, Calciumsulfat, Talk, Zucker, Inulin.

2. Außer den gelösten Stoffen werden auch alle Lösungsmittel adsorbiert. Daher wird das Gelöste um so stärker festgehalten, je schwächer das Lösungsmittel (sein Konkurrent) adsorbiert wird. Die Reihenfolge zunehmender Adsorbierbarkeit an den obengenannten Stoffen ist etwa folgende:

   Petroläther, Tetrachlorkohlenstoff, Benzol, Chloroform (alkoholfrei!), Äther, Essigester, Aceton, Äthylalkohol, Methylalkohol, Wasser, Pyridin.

   Die gelöste Substanz wird also aus Petroläther am stärksten, aus Pyridin am wenigsten festgehalten.

3. Die Stoffe der beiden Reihen können, soweit weder Auflösung noch Reaktion stattfindet, beliebig kombiniert werden. Die Kombination, bei der es auf beide Teile ankommt, soll „Adsorptionsmilieu" heißen. Man beginnt meist mit Aluminiumoxyd und dem ersten geeigneten Lösungsmittel. Ist schwächere Adsorption erwünscht, dann geht man in den Reihen 1 und 2 so lange nach rechts, bis die geeignete Zusammenstellung gefunden ist.

4. Zum Vorversuch nimmt man etwa 100-mal soviel Adsorbens als Substanz. Das Adsorpt soll beim Beginn des Waschens nur ein Viertel der Säule füllen.

5. Zum Waschen dient das Lösungsmittel der Substanz oder eines rechts davon (Reihe 2), eventuell nur als Zusatz zum ursprünglichen.

6. Die „Elution" beruht auf der Verdrängung der Substanz durch ein Lösungsmittel, das stärker adsorbiert wird. Elutionsmittel sind die stark adsorbierbaren Lösungsmittel (Reihe 2), meist Alkohole. Oft genügen kleinste Zusätze.

Gebrauchte Adsorptionsmittel sind nicht wieder verwendbar, weil die aktiven Stellen vom Elutionsmittel besetzt sind.

7. Diese Regeln gelten nicht in Fällen, in denen Austauschadsorption vorliegt.

Tafel I

Apparaturen		Fehlerhafte Ansätze	
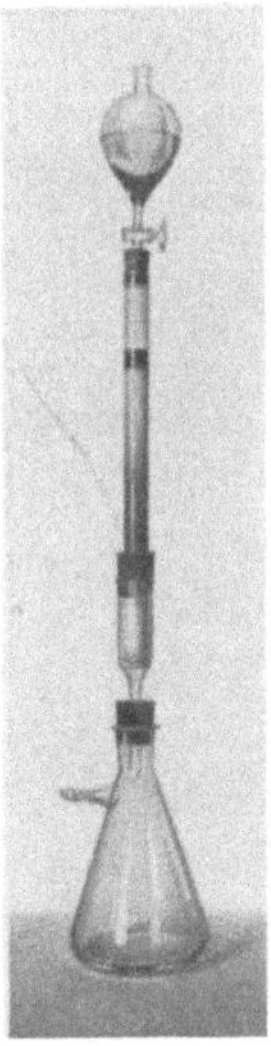	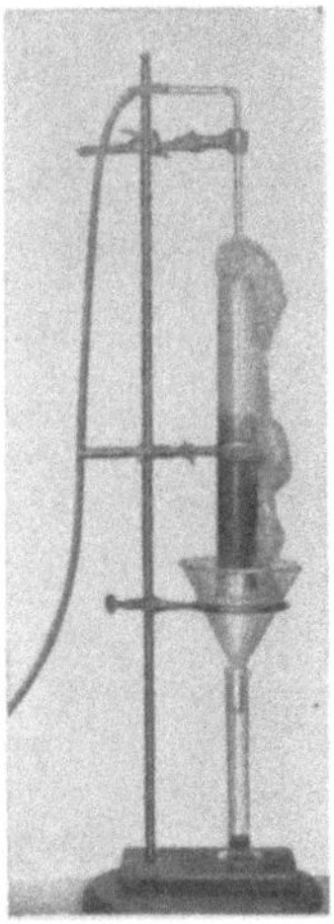	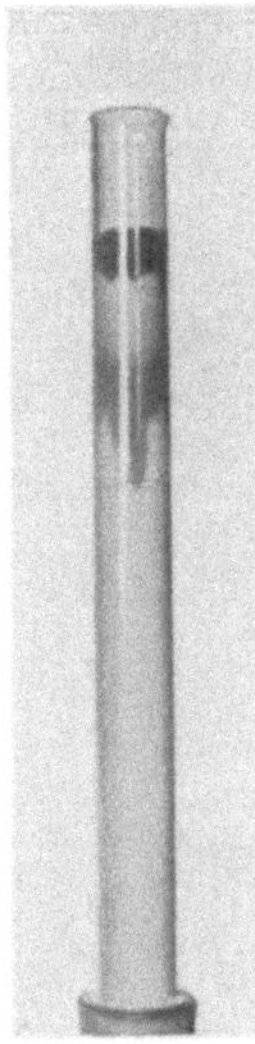	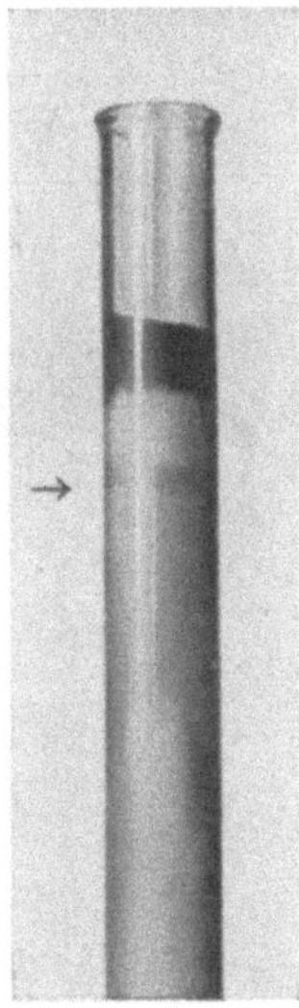
Abb. 1	Abb. 2	Abb. 3	Abb. 4

Abb. 1. Anordnung für die Adsorptionsanalyse. Der Aufbau erfordert nur normale Laboratoriumsgeräte (vgl. S. 73)

Abb. 2. Anordnung zur Zerschäumungsanalyse, aus Laboratoriumsgeräten zusammengestellt (vgl. S. 130)

Abb. 3. Chromatogramm mit verzerrten Zonen, hervorgerufen durch schlechtes Einfüllen des Adsorbens und zu starkes Saugen (vgl. S. 80)

Abb. 4. Unstetigkeitsstelle in der Säule. Das Adsorbens wurde nicht in einem Guß eingefüllt. An der Nachfüllstelle (→) wird eine weitere Zone vorgetäuscht. Analysiert wurde die gleiche Lösung wie in den Abbildungen der Tafel II (vgl. S. 82)

Verlag Walter de Gruyter & Co., Berlin

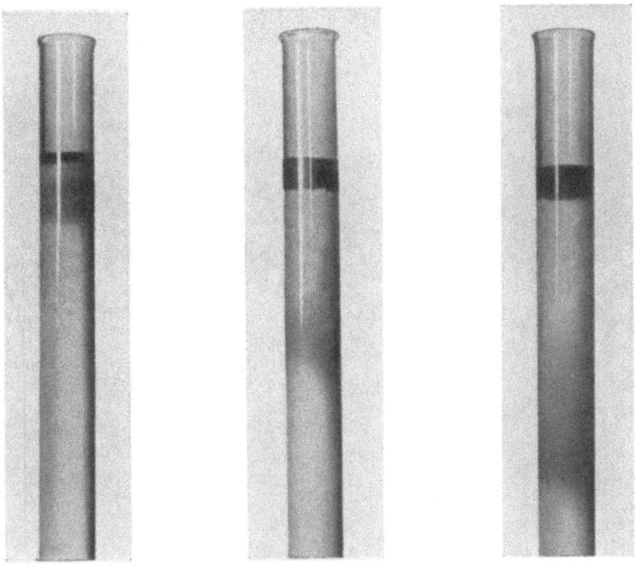

a b c

Echtes Chromatogramm. Äquimolekulare Mengen von Phenylazo-β-naphthol, p-Oxyazobenzol und Azobenzol wurden aus Petroläther auf Aluminiumoxyd adsorbiert:

a) Vor dem Waschen. Es sind vorerst nur zwei Zonen sichtbar.

b) Nach dem Waschen mit Petroläther. Alle drei Farbstoffe sind jetzt durch unbelegte Zonen des Adsorptionsmittels voneinander getrennt (beachte den feinen weißen Saum in der schwarzen Zone der Abbildung). Je schwächer ein Stoff adsorbiert wird, desto ausgedehnter ist seine Zone.

c) Die gleiche Säule nach zwölfstündigem Stehen. Die Zonengrenzen sind durch Diffusion unscharf geworden. Die Grenze zwischen den beiden obersten Stoffen ist wieder verschwunden. Die untere Zone ist durch Zersetzungsvorgänge dunkler geworden und weiter abgesackt.

Verlag Walter de Gruyter & Co., Berlin

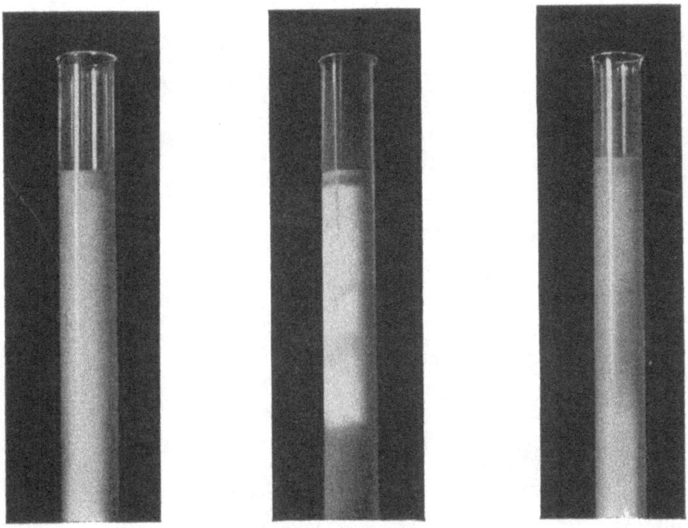

a b c

Unsichtbares Chromatogramm. Stark verunreinigtes Anthracen (vgl. S. 89)

a) Nach dem Waschen, im Tageslicht. Man sieht lediglich eine schmale Zone, die unter anderem Naphthacen enthält.

b) Die gleiche Säule unter dem Licht der Analysen-Quarzlampe.

c) Die gleiche Säule nach längerem Stehen im Tageslicht. Das Adsorpt der untersten Zone ist durch das Licht bräunlich verfärbt und dadurch sichtbar geworden.

Verlag Walter de Gruyter & Co., Berlin

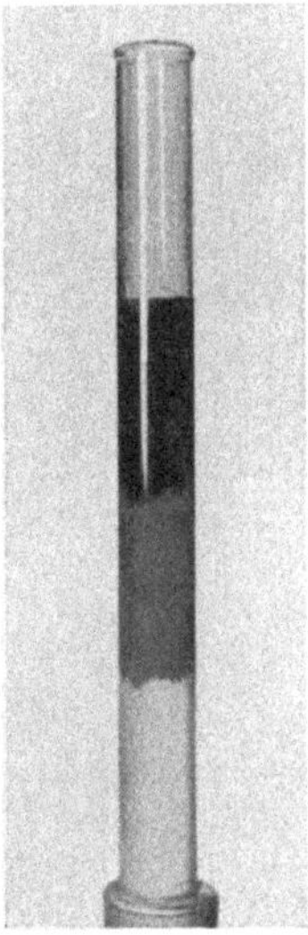

Abb. 1

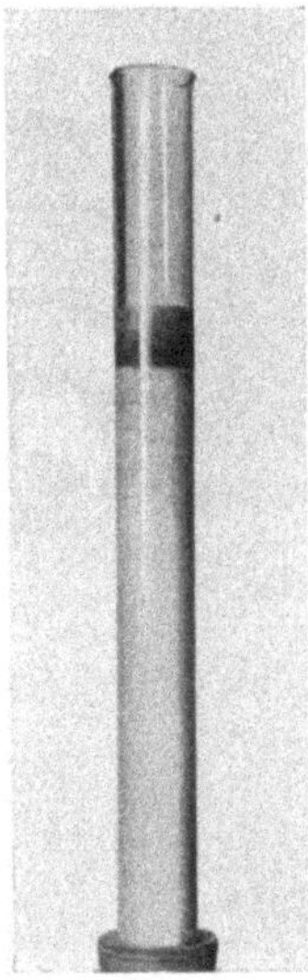

Abb. 2a

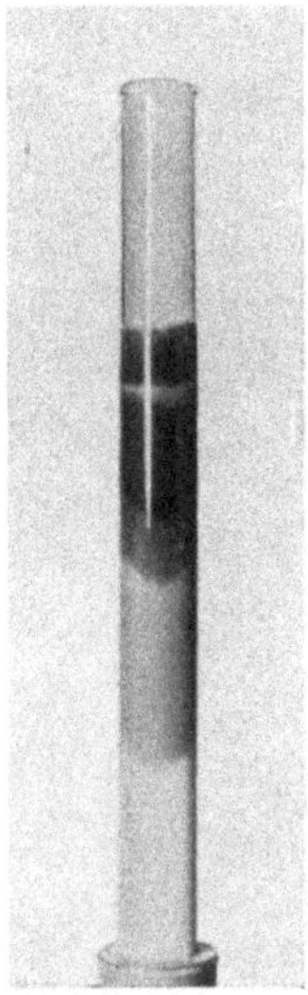

Abb. 2b

Anorganische Chromatogramme

Abb. 1. $Cu^{\cdot\cdot}$—$Co^{\cdot\cdot}$ in äquivalenter Menge auf Aluminiumoxyd, mit Kaliumferrocyanid entwickelt. Die beiden Zonen sind gleich lang und schließen unmittelbar aneinander

Abb. 2. Komplizierteres anorganisches Chromatogramm;
a) nur gewaschen, b) entwickelt.

Verlag Walter de Gruyter & Co., Berlin